AF834100

Jacob Sturm
Die Flora von Deutschland

Ausgewählt und beschrieben von Oliver Tackenberg aus:
J. Sturm's Flora von Deutschland, in Abbildungen nach der Natur

FAVORITEN
PRESSE

Einleitung

Tafeln ausgewählter Arten

Einleitung

Jacob Sturm – ein Nürnberger Kupferstecher und Naturforscher

»Jacob Sturm, ein Name, der mehr noch im Ausland als im Inland sich Geltung verschafft hat im Gebiete der Naturkunde, ein Name, der nicht blos in Europa allen Männern bekannt ist, die sich mit Erforschung der zahllosen Schöpfungen des Ewigen befassen ...« Mit diesen Worten wurde am 1. Dezember 1848 in Nürnberg einer der bedeutendsten naturkundlichen Kupferstecher und botanischen Illustratoren Deutschlands beerdigt.

Die Karriere als Kupferstecher war ihm in die Wiege gelegt: Jacob Sturm wurde am 21. März 1771 in Nürnberg als eines von vier Kindern des Kupferstechers Johannes Georg Sturm (1742-1793) und seiner Frau von Ursula Barbara (geb. Landeck) geboren. Nürnberg war seit dem 15. Jahrhundert zu einem Zentrum der Kupferstecherkunst geworden; einige der bekanntesten Kupferstecher Europas hatten hier gewirkt, darunter Martin Schongauer, Albrecht Dürer und Michael Wening. Im 18. Jahrhundert zählte die Reichsstadt zu den reichsten Städten des Landes, und ihr reges Wissenschafts- und Kulturleben strahlte weit über die Region hinaus. In diesem Umfeld arbeitete Jacobs Vater als selbstständiger Kupferstecher für unterschiedlichste Auftraggeber. So zeichnete er regelmäßig Illustrationen für den *Göttinger Musenalmanach* (eine Literaturzeitung), fertigte aber zum Beispiel auch Porträts für die *Physiognomischen Fragmente* des Schweizer Philosophen Johann Caspar Lavater an.

Schon als Kind zeigte Jacob großes Interesse an der Erforschung der Natur. Sein Vater ließ ihm dafür jedoch wenig Zeit, da er seinen einzigen Sohn schon früh in der Kupferstecher-Kunst ausbildete. Jacob war ein so gelehriger Schüler, dass er seinen Vater in dessen Metier bald übertraf. Durch einen glücklichen Zufall konnte er schließlich auch seine beiden Leidenschaften verbinden. 1788 erhielt sein Vater vom Berliner Naturforscher Peter Simon Pallas den Auftrag, Darstellungen von Insekten anzufertigen. Dem kränkelnden Manne wollten die Kupferstiche nicht recht gelingen, sodass er diese ebenso anspruchsvolle wie zeitaufwändige Aufgabe seinem damals erst 16-jährigen Sohn übertrug. Der ließ sich zunächst die zu zeichnenden Insekten vom Nürnberger Arzt und Naturforscher Georg Wolfgang Franz Panzer in natura zeigen. Dabei fertigte er detailgetreue Studien der lebenden Tiere an. Auf Grundlage dieser Zeichnungen stellte er dann die Kupfertafeln her: Er übertrug sie seitenverkehrt mit einem Grabstichel auf die Oberfläche einer wenige Millimeter dicken, zuvor sorgfältig geschliffenen und glattpolierten Kupferplatte. Die Vertiefungen wurden mit schwarzer Farbe gefüllt und das Papier damit bedruckt. Abschließend wurden die Drucke von Hand nachkoloriert. Es ist nicht überliefert, wie lange Jacob für seine ersten Kupferstiche benötigte. Von Dürer weiß man aber, dass er an seinem berühmten Stich »Ritter, Tod und Teufel« mehrere Monate arbeitete. Auf jeden Fall machten die gelungenen Kupferstiche den jungen Sturm in der Nürnberger und Erlanger Naturforscher-Szene schlagartig bekannt und brachte ihn mit mehreren Mäzenen und neuen Lehrern in Kontakt.

Jacob Sturm

In den folgenden Jahren beschäftigte sich Jacob intensiv mit Flora und Fauna und trug zahllose Pflanzen, Vögel und Insekten zusammen. Seine Insektensammlung wuchs im Laufe der Jahre so sehr, dass sie Mitte des 19. Jahrhunderts mit mehr als 70 000 Individuen und 23 000 Arten zu den größten

und wertvollsten Privatsammlungen Europas zählte. In dieser Zeit fertigte er auch erste Zeichnungen und Kupferstiche seiner gesammelten Tiere und Pflanzen an; 1791 publizierte er schließlich sein erstes Tafelwerk mit 100 kolorierten Kupferstichen über Insekten:

Sturm, J. (1791–1792): *Insecten-Cabinet, nach der Natur gezeichnet und gestochen von Jacob Sturm*. 4 Hefte, jedes mit 25 illum. Kupfertafeln. Nürnberg.

1794 vermählte sich Jacob Sturm mit Christiana Albertina Wilhelmina Wagner, der Tochter eines Gerichtsschreibers aus Wöhrd, mit der er bis zu deren Tod 1832 verheiratet blieb. Das Paar bekam sieben Kinder, von denen fünf allerdings schon kurz nach der Geburt starben. Die beiden überlebenden Söhne, Johann Heinrich Christian Friedrich Sturm (1805–1862) und Johann Wilhelm Sturm (1808–1865) sollten später in die Fußstapfen ihres Vaters und Großvaters treten und die Nürnberger Werkstatt übernehmen. Ihren Neigungen und Fähigkeiten gemäß übernahm Wilhelm dabei die Hauptverantwortung für die Flora, während Friedrich sich federführend um die Fauna kümmerte. Auch Jacob Sturms Enkelin Marie Sturm, eine Tochter Wilhelms, setzte später als Blumenmalerin die botanisch-künstlerische Tradition der Familie fort.

Da Sturms *Insecten-Cabinet* keine Texte enthielt, machte ihm einer seiner Unterstützer, der Nürnberger Insektenforscher Panzer, den Vorschlag, gemeinsam ein größeres Werk über Insekten anzufertigen. Daraus entstand Panzers *Faunae Insectorum Germanicae Initia*, für dessen 109 Hefte Sturm in den folgenden 18 Jahren 2640 Tafeln mit Bildern von Insekten anfertigte. Diese Arbeit inspirierte Sturm zu einem anderen höchst ambitionierten Werk, nämlich *Deutschlands Fauna in Abbildungen nach der Natur mit Beschreibungen*. Es erschien von 1796 bis 1855 und umfasste 624 Kupfertafeln zu Vögeln, Amphibien, Insekten und ›Würmern‹ (Land- und Süßwassermollusken).

Neben seiner Tätigkeit als Illustrator und Herausgeber seiner eigenen Werke und der *Faunae Insectorum* von Panzer fertigte der fleißige, um nicht zu sagen rastlose Sturm im Laufe der Jahre etwa 400 Illustrationen für annähernd 100 naturhistorische Werke anderer Autoren an. Und er engagierte sich auch gesellschaftlich. Bereits 1801 gründete er zusammen mit Dr. Carl Osterhausen und Dr. Johannes Wolf die Naturhistorische Gesellschaft zu Nürnberg, deren Direktor er einige Jahre war. Durch seine Werke und die Zusammenarbeit mit zahlreichen führenden Naturforschern war Sturm weit über die Grenzen Nürnbergs und Deutschlands hinaus bekannt. Er stand in regem Austausch mit zahlreichen Gelehrten und war Mitglied in mehr als 20 naturforschenden Gesellschaften, darunter die Königliche Botanische Gesellschaft zu Regensburg und die Senckenbergische Naturforschende Gesellschaft zu Frankfurt am Main.

1846 wurde Sturm zum Mitglied der Kaiserlich Leopoldinisch-Carolinischen Akademie der Naturforscher gewählt, der Vorläuferorganisation der heutigen Akademie der Wissenschaften – Leopoldina. Im selben Jahr verlieh ihm die philosophische Fakultät der Universität Breslau in Anerkennung seiner wissenschaftlichen Leistungen die Ehrendoktorwürde.

Außerdem wurden noch zu seinen Lebzeiten zwei Pflanzengattungen nach Jacob Sturm benannt. David Heinrich Hoppe gab 1799 der Süßgras-Gattung der Zwerggräser den wissenschaftlichen Namen *Sturmia*. Allerdings wird der Name heute nicht mehr benutzt, da die Gattung bereits zuvor, 1763, von Michel Adanson, einem französischen Botaniker als *Mibora* beschrieben wurde. Auch der von Ludwig Reichenbach 1826 für die Orchideen-Gattung der Glanzkräuter vergebene Name *Sturmia* wird heute nicht mehr verwendet, stattdessen der 1817 von Louis Claude Marie Richard vergebene Name *Liparis*. Den Orchideen-Liebhabern wird der Name *Liparis loeselii* bekannt sein, aber nur die wenigsten werden wissen, dass diese heute in Deutschland vom Aussterben bedrohte Art einmal zu Ehren von Jacob Sturm *Sturmia* hieß.

Sturmia minima (Mibora minima)
aus der ersten Auflage (Sturm 1798–1855)

Sturmia loeselii (Liparis loeselii)
aus Reichenbach (1823–1832)

Diese beiden Beispiele zeugen davon, dass Sturms Ruhm nicht zuletzt auf seinen Beiträgen zu Deutschlands Flora fußt – ein Thema, das ihn Zeit seines Lebens beschäftigte. Bereits in jungen Jahren wurde er durch den Erlanger Professor und Direktor des Botanischen Gartens Johann Christian von Schreber für die Botanik gewonnen. Dieser unterrichtete ihn ab den 1790er-Jahren und ließ ihn zahlreiche Pflanzenzeichnungen anfertigen, die die Grundlage für das mit Abstand wichtigste und bis heute bekannteste Werk Sturms bildeten: *Deutschlands Flora in Abbildungen nach der Natur mit Beschreibungen.*

Deutschlands Flora in Abbildungen nach der Natur mit Beschreibungen

Mit den Arbeiten an *Deutschlands Flora* begann Sturm 1796. Am Ende umfasste das monumentale Werk 2472 Kupfertafeln, die in 163 Heften zu je 8–16 Kupfertafeln erschienen. Das erste Heft wurde 1798, das letzte 1855, also 57 Jahre später veröffentlicht.

Erstauflage

Die Erstauflage trug den Titel *Deutschlands Flora in Abbildungen nach der Natur mit Beschreibungen.* Nürnberg, gedruckt auf Kosten des Verfassers. – Mit beschreibenden Texten und 2472 Kupferstichen in 213 Heften im Taschenformat (14,5 x 9,5 cm). Sie gliederte sich in 3 Teile:

1. Abtheilung: Phanerogamische Gewächse. 96 Hefte mit 1576 Tafeln.
2. Abtheilung: Kryptogamische Gewächse mit Ausschluss der Pilze.
   31 Hefte mit 416 Tafeln.
3. Abtheilung: Die Pilze. 36 Hefte mit 480 Tafeln.

Die meisten Kupfertafeln fertigte Jacob Sturm persönlich an. Aber auch sein Vater arbeite bis zu seinem Tod 1793 an der Flora mit. Jacobs Söhne Wilhelm und Friedrich beteiligten sich in späteren Jahren ebenfalls und brachten nach Jacobs Tod 1848 dessen Arbeiten zum Abschluss. Sturms Flora bestach nicht nur durch die wissenschaftlich exakten, prächtig kolorierten und ästhetisch ansprechenden Abbildungen, sondern auch durch die beschreibenden Texte. Für diese konnte der allzeit bestens vernetze Sturm Autoren gewinnen, die zu den führenden Botanikern ihrer Zeit zählten, z. B. Ludwig Reichenbach, Professor in Dresden, Gründer des Botanischen Gartens und Johann Christian von Schreber, Professor für Botanik in Erlangen.

Sturms Flora stieß bei Zeitgenossen wegen ihrer »Sorgfalt« und »Eleganz« auf großen Beifall, »erfreute sich bei allen Autoritäten großen Ansehens« und galt noch Jahrzehnte nach ihrem Erscheinen als »mustergültig«. Trotz des hohen Preises von etwa 200 Mark allein für die Hefte zu den Gefäßpflanzen der ersten Abteilung (was etwa 1400 € entspricht) erreichte das Werk eine Gesamtauflage von ca. 26 000 Exemplaren und trug damit maßgeblich zum wirtschaftlichen Erfolg der Sturm'schen Kupferstechermanufaktur bei. Die wissenschaftliche Qualität der Sturm'schen Flora zeigt sich auch darin, dass insgesamt 12 Pflanzenarten in ihr erstmals gültig beschrieben wurden.

- *Hieracium dentatum* Hoppe – Gezähntes Habichtskraut
- *Lamium orientale* (Fisch. & C. A. Mey.) E. H. L. Krause – Orientalische Taubnessel
- *Luzula alpina* Hoppe – Alpen-Hainsimse
- *Oxytropis triflora* Hoppe – Dreiblütiger Spitzkiel
- *Ranunculus carinthiacus* Hoppe – Kärntner Hahnenfuß
- *Silene chalcedonica* E. H. L. Krause – Brennende Liebe
- *Soldanella minima* Hoppe – Kleinstes Alpenglöckchen
- *Spergula fallax* (Lowe) E. H. L. Krause – Täuschender Spörgel
- *Trifolium badium* Schreb. – Braun-Klee
- *Trifolium campestre* Schreb. – Feld-Klee
- *Trifolium pallescens* Schreb. – Bleicher Klee
- *Trifolium patens* Schreb. – Spreiz-Klee

Die 2. Auflage

Ende des 19. Jahrhunderts wurde eine Neubearbeitung der Sturm'schen Flora in Angriff genommen. Dabei ordnete man die in der Originalauflage noch in ungeordneter Reihenfolge erschienenen Abbildungen nach einem Anfang des 20. Jahrhunderts gebräuchlichen pflanzensystematischen System neu an. Zudem wurde die Auswahl der Arten den Grenzen des Deutschen Reichs angepasst. Ernst Hans Ludwig Krause, Privatdozent an der Universität Straßburg, sorgte für die grundlegende Überarbeitung der meisten begleitenden Texte. Übernommen wurden hingegen die farbigen, bis heute in ihrer Detailtreue und Zeitlosigkeit unerreichten Abbildungen. Nur für Arten, die in der Erstauflage fehlten, wurden Illustrationen neu angefertigt bzw. aus anderen Floren übernommen. Die im vorliegenden Buch gezeigten Tafeln stammen aus dieser 2. Auflage.

Die 2. Auflage wurde vom K.G. Lutz Verlag aus Stuttgart in der »Schriftenreihe des Deutschen Lehrer-Vereins für Naturkunde« unter dem Titel *J. Sturm's Flora von Deutschland, in Abbildungen nach der Natur* herausgegeben. Sie erschien von 1900 bis 1907 in 15 Bänden:

Band 1 (1906): Nadelhölzer, Lilien, Kolbenschilfe, Kolbenblumen = Coniferae, Liliiflorae, Pandanales, Spathiflorae.

Band 2 (1900): Riedgräser = Cyperaceae.
Band 3 (1900): Echte Gräser = Gramineae.
Band 4 (1905): Orchideen, Wasserkräuter, Kätzchenträger, Nesseln, Sandeln, Osterluzeien, Ampfer = Orchideae, Helobiae, Amentaceae, Urticiflorae, Santalinae, Aristolochiales, Polygonaceae.
Band 5 (1901): Mittelsamige und Haufenfrüchtige = Centrospermae und Polycarpicae.
Band 6 (1902): Mohnartige, Cistifloren und Säulenträger = Rhoeadinae, Cistiflorae und Columniferae.
Band 7 (1902): Schnabelfrüchtler, Balsamgewächse, Seifenbäume, Kreuzdorngewächse, Dreisamige, Seidelbaste und Steinbreche = Gruinales, Terebinthinae, Sapindiflorae, Frangulinae, Tricoccae, Thymelaeinae, Saxifraginae.
Band 8 (1904): Rosen = Rosiflorae.
Band 9 (1901): Hülsenfrüchte, Myrten, Heiden, Primeln = Leguminosae, Myrtiflorae, Bicornes, Primulinae.
Band 10 (1903): Röhrenblütler im weiteren Sinne.
Band 11 (1903): Röhrenblütler im weiteren Sinne.
Band 12 (1904): Schirmblumige und Glockenblumige = Umbelliflorae und Campanulatae.
Band 13 (1905): Haufenblütige.
Band 14 (1906): Haufenblütige.
Band 15 (1907): Generalregister.

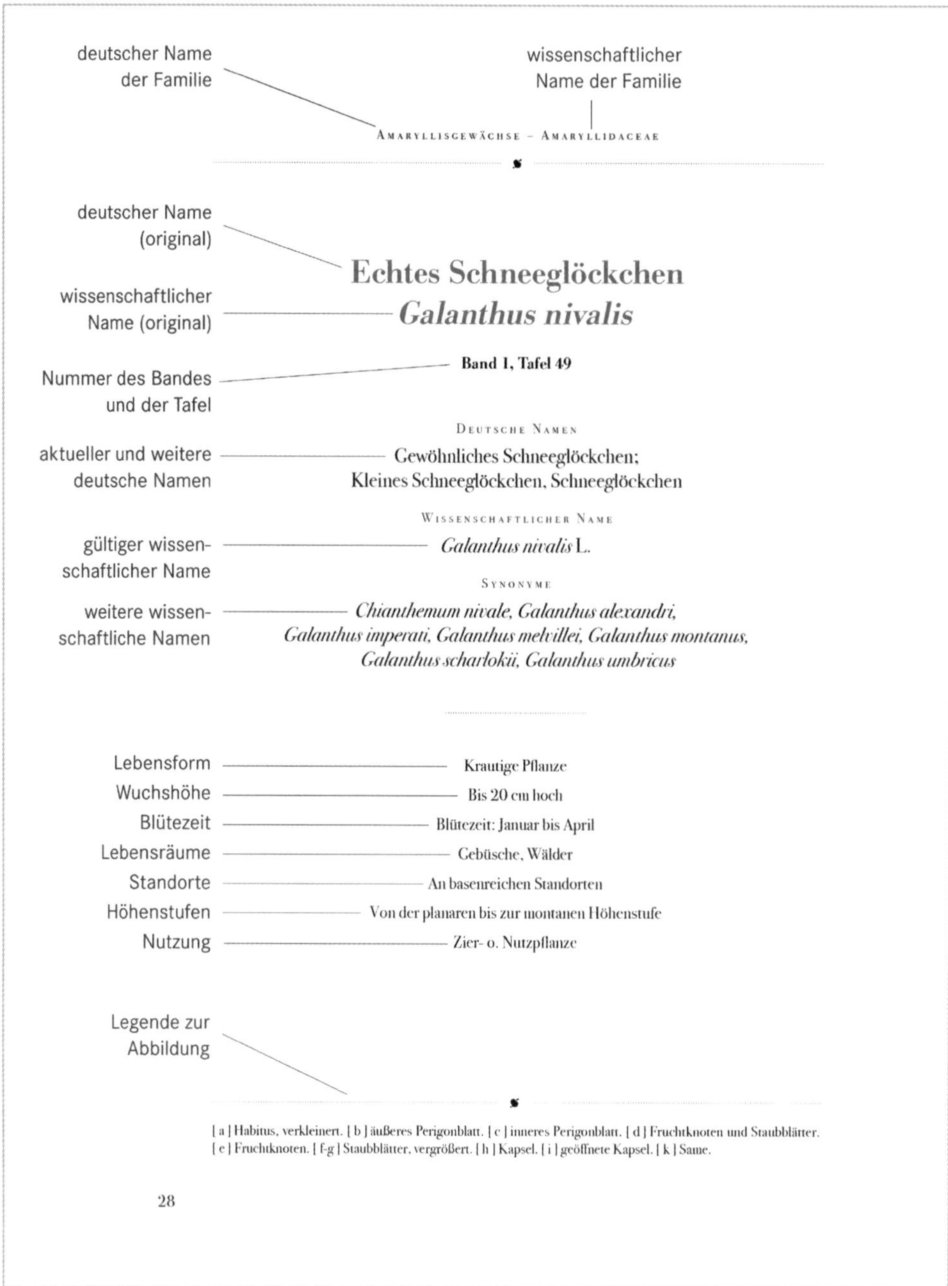

Siehe auch Kapitel »Erläuterung zu den Artinformationen«, ab Seite 215.

Tafeln ausgewählter Arten

Reihenfolge entsprechend der 2. Auflage

Echte Kiefer
Pinus silvestris

Band 1, Tafel 1

Deutsche Namen

Gewöhnliche Kiefer;
Föhre, Wald-Kiefer

Wissenschaftlicher Name

Pinus sylvestris L.

Synonyme

Pinus armena, Pinus fominii, Pinus hamata, Pinus kochiana, Pinus rubra, Pinus sosnowskyi

Bis 40 m hoher Nadelbaum

Blütezeit: April bis Juni

Wälder, Moore, Seggenriede

Von der planaren bis zur subalpinen Höhenstufe

Baumaterial, Brennstoff, Garten- o. Zierpflanze, Heil-, Arznei- o. Giftpflanze, landschaftspflegerische u. gestalterische Nutzung, Nahrungsmittel, für soziale u. rituelle Zwecke

[a] Zweig mit ♂ Blüten, verkleinert. [b] Zweig mit ♀ Blütenständen und einjährigen, unreifen Zapfen. [c] ♀ Blütenstände. [d] Staubblätter, auch vergrößert. [e] Samenschuppen, vergrößert. [f] reifer Zapfen. [g] Same. [h] Same ohne Flügel.

d
e
c
f
a
g
h
b

Echte Eibe
Taxus baccata

Band 1, Tafel 2

Deutsche Namen

Gewöhnliche Eibe;
Eibe, Europäische Eibe

Wissenschaftlicher Name

Taxus baccata L.

Bis 20 m hoher Nadelbaum

Blütezeit: März bis Mai

Gebüsche, Wälder

An basenreichen Standorten

Von der planaren bis zur montanen Höhenstufe

Baumaterial, Garten- o. Zierpflanze, Heil-, Arznei- o. Giftpflanze, landschaftspflegerische u. gestalterische Nutzung

[a] Zweig mit ♀ Blüten sowie Samen in roten Arilli, verkleinert. [b] Blatt und ♂ Blüte. [c] ♂ Blüte, vergrößert. [d-e] Staubbeutel, vergrößert. [f] ♀ Blüte, auch vergrößert. [g] unreifer Same mit Arillus. [h] reifer Same mit Arillus. [i-k] Same ohne Arillus nebst Querschnitt.

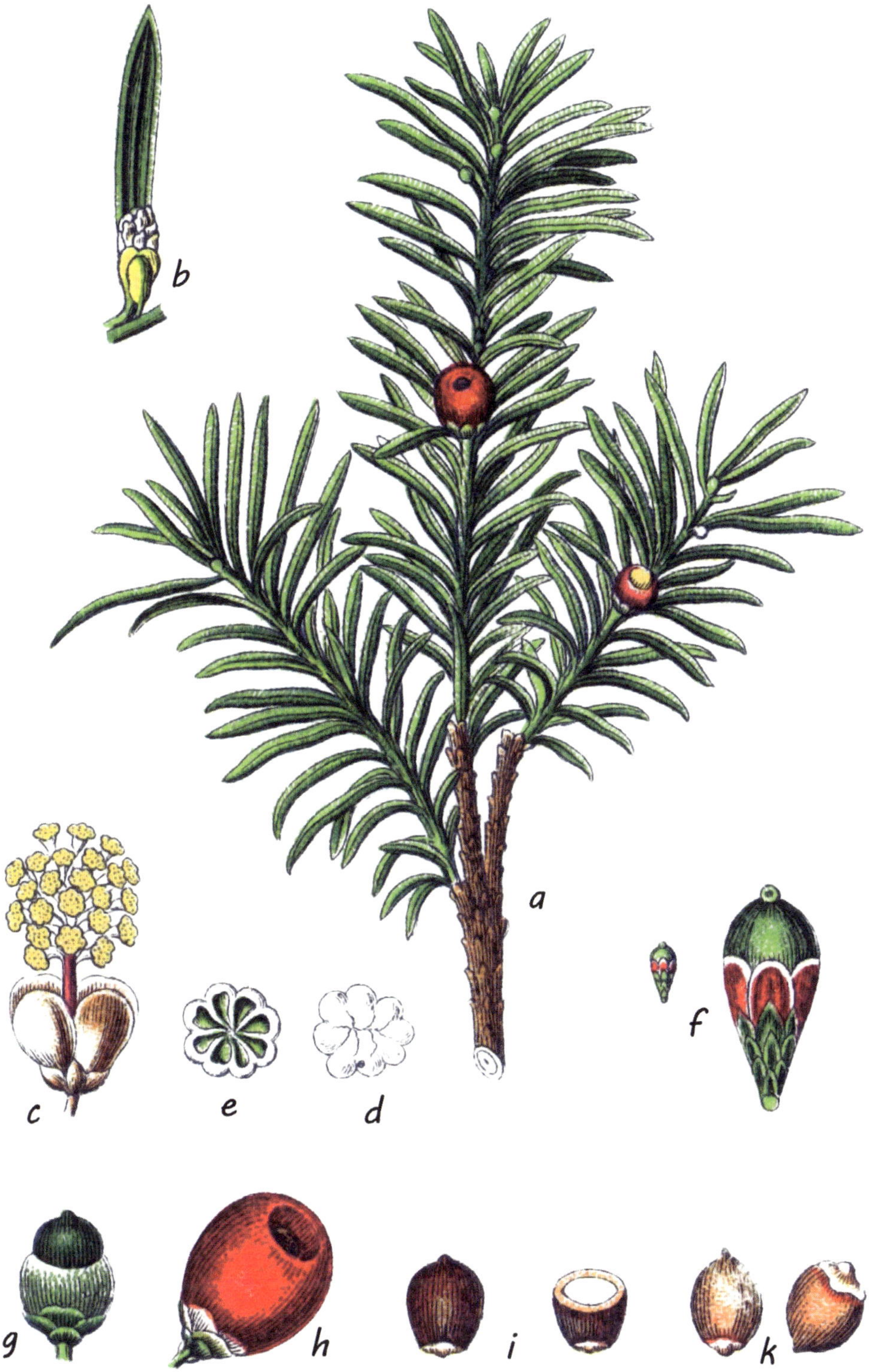
b
a
c
e
d
f
g
h
i
k

Dichtblütige Binse
Juncus conglomeratus

Band 1, Tafel 4

Deutscher Name

Knäuel-Binse

Wissenschaftlicher Name

Juncus conglomeratus L.

Synonyme

Juncus glomeratus, Juncus leersii, Juncus matthioli, Juncus subuliflorus, Tristemon glomeratum

Krautige Pflanze

20 bis 100 cm hoch

Blütezeit: April bis August

Ufer, Röhrichte, Säume u. Staudenfluren, Gebüsche, Moore, Seggenriede, Grünland u. Zwergstrauchheiden

An wechselfeuchten bis nassen Standorten

Von der planaren bis zur subalpinen Höhenstufe

Zier- o. Nutzpflanze

[a] Habitus, verkleinert. [b] Teil eines Stängels, vergrößert. [c] Blütenstand. [d] Blüte mit 2 Vorblättern und Tragblatt von der Seite, vergrößert. [e] Vorblätter, vergrößert. [f] Blüte von oben, vergrößert. [g] Staubblätter und Fruchtknoten, vergrößert. [h] Kapsel, vergrößert. [i] reife Kapsel, auch vergrößert. [k] Samen, auch vergrößert.

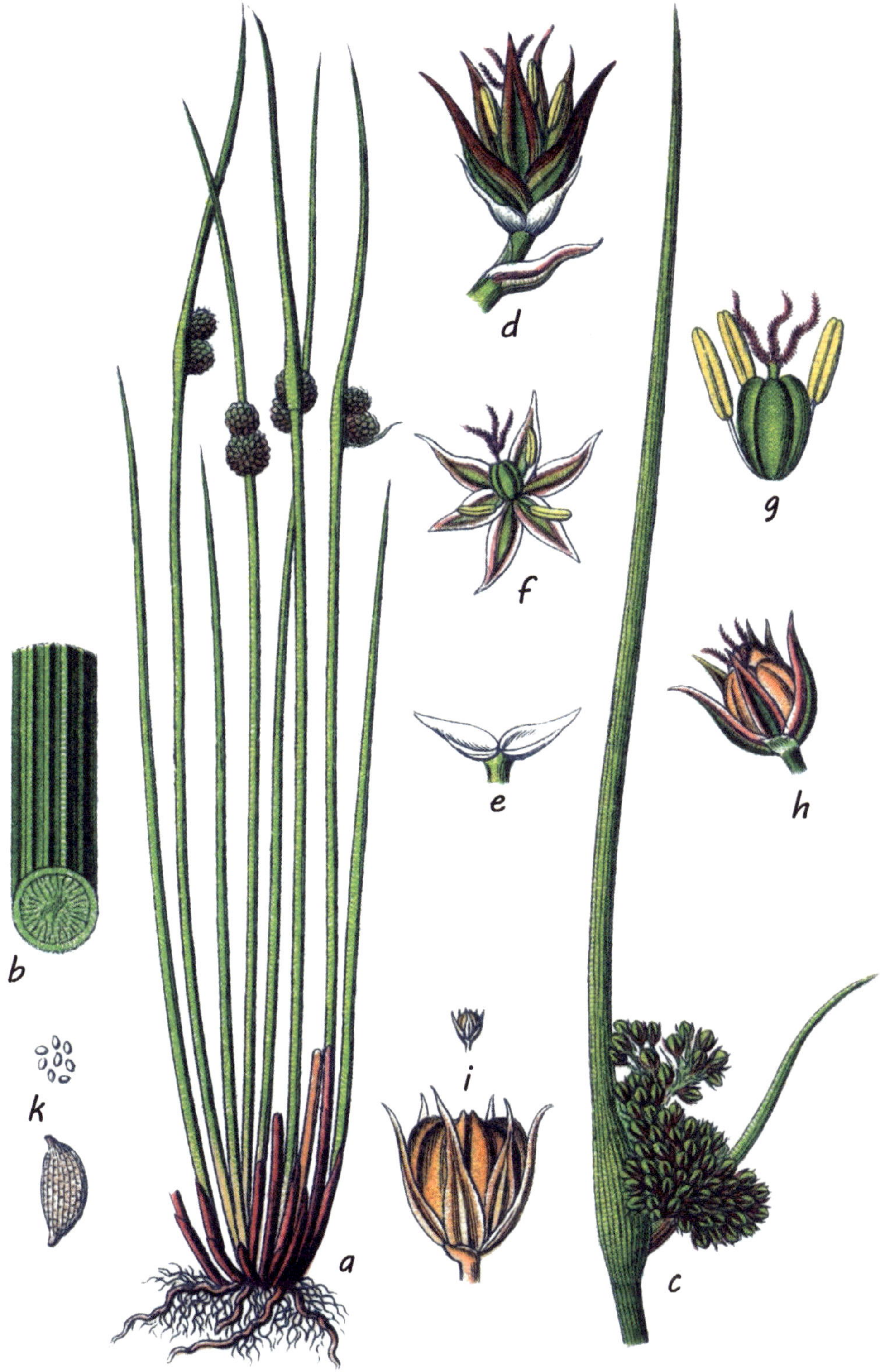
d
g
f
e
h
b
k
i
a
c

Türkenbund
Lilium martagon

Band 1, Tafel 29

Deutscher Name

Türkenbund-Lilie

Wissenschaftlicher Name

Lilium martagon L.

Krautige Pflanze

40 bis 150 cm hoch

Blütezeit: April bis August

Säume u. Staudenfluren, Gebüsche, Wälder

An basenreichen Standorten

Von der collinen bis zur subalpinen Höhenstufe

Garten- o. Zierpflanze, Heil-, Arznei- o. Giftpflanze, landschaftspflegerische u. gestalterische Nutzung

[a] Habitus, verkleinert. [b] Blatt. [c] Blüte. [d] Staubblatt und Fruchtknoten. [e] Staubblatt. [f] Fruchtknoten im Querschnitt. [g] Kapsel, verkleinert. [h] Kapsel im Querschnitt, verkleinert. [i] Samen.

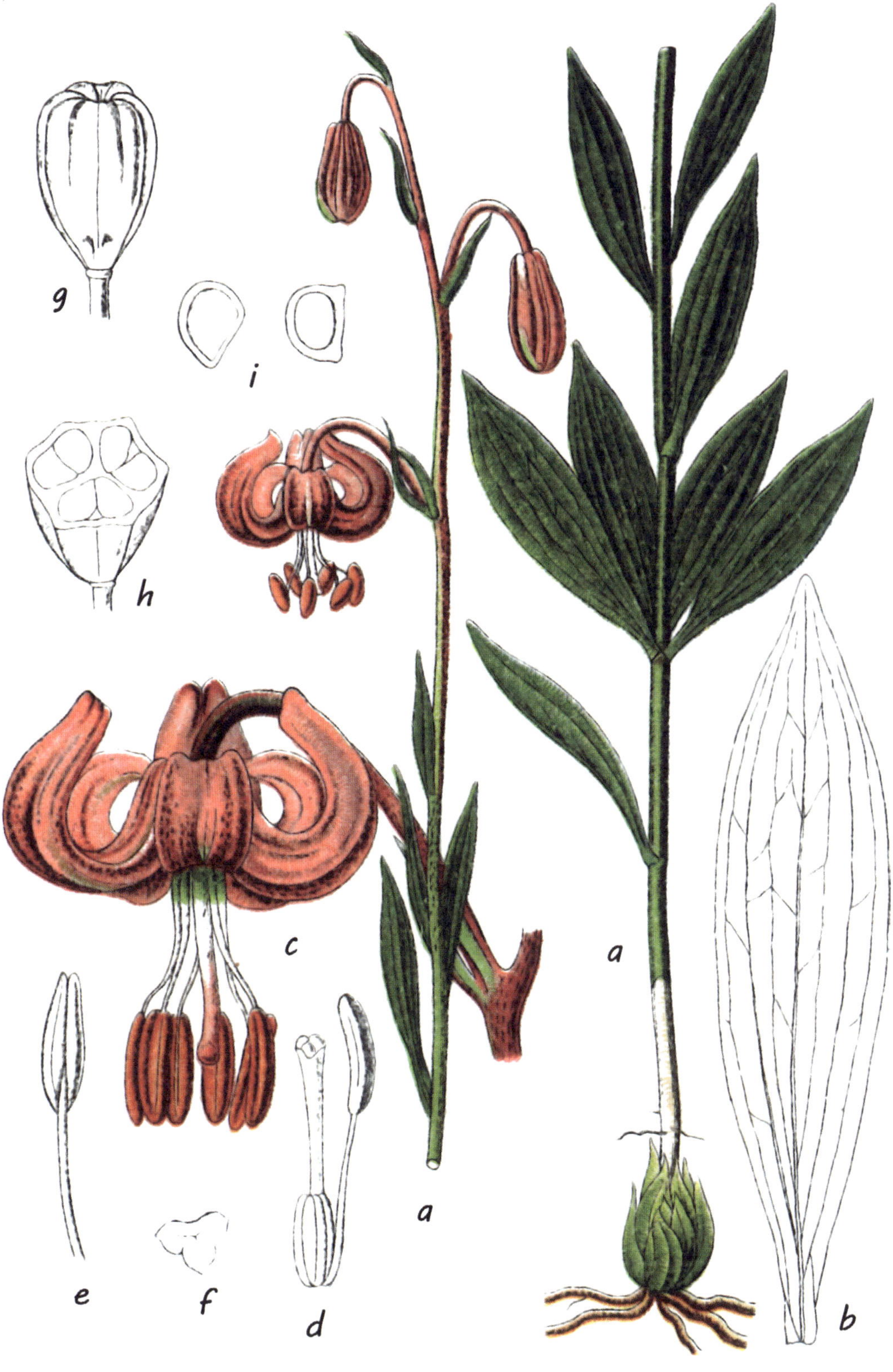
g
i
h
c
a
a
e
f
d
b

Rispige Graslilie
Anthericum ramosum

Band 1, Tafel 31

Deutscher Name

Ästige Graslilie

Wissenschaftlicher Name

Anthericum ramosum L.

Synonyme

Anthericum dorsetii, Anthericum gracile, Anthericum non-scriptum, Endogona ramosa, Liliago ramosa, Ornithogalum ramosum, Pessularia ramosa, Phalangites ramosus

Krautige Pflanze

30 bis 80 cm hoch

Blütezeit: April bis August

Säume u. Staudenfluren, Gebüsche, Extensivgrünland, Magerrasen o. Zwergstrauchheiden

An basenreichen, trockenen Standorten

Von der planaren bis zur subalpinen Höhenstufe

Garten- o. Zierpflanze, Heil-, Arznei- o. Giftpflanze

[a] Habitus, verkleinert. [b] Blüte. [c-d] Kapsel, auch vergrößert.

d
c
a
b

Zweihörniger Lauch
Allium oleraceum

Band 1, Tafel 37

Deutsche Namen

Gemüse-Lauch;
Glocken-Lauch, Kohl-Lauch

Wissenschaftlicher Name

Allium oleraceum L.

Synonyme

Allium complanatum, Allium intermedium, Allium oxypetalum, Allium parviflorum, Allium scabrum, Allium virens, Cepa oleracea, Codonoprasum alpicola, Codonoprasum complanatum, Codonoprasum intermedium, Codonoprasum oleraceum, Codonoprasum viridiflorum, Porrum oleraceum, Raphione oleracea

Krautige Pflanze

30 bis 60 cm hoch

Blütezeit: Mai bis August

Säume u. Staudenfluren, Extensivgrünland, Magerrasen o. Zwergstrauchheiden, Äcker o. Sonderkulturen

An nährstoffarmen, basenreichen, trockenen Standorten

Von der planaren bis zur montanen Höhenstufe

Nahrungsmittel

[a] Habitus, verkleinert. [b] Blütenstand. [c] Perigonblätter und Staubblätter. [d] Perigonblätter und Staubblätter, vergrößert. [e] Staubblatt, auch vergrößert. [f] Fruchtknoten, auch vergrößert. [g] Blatt im Querschnitt, auch vergrößert.

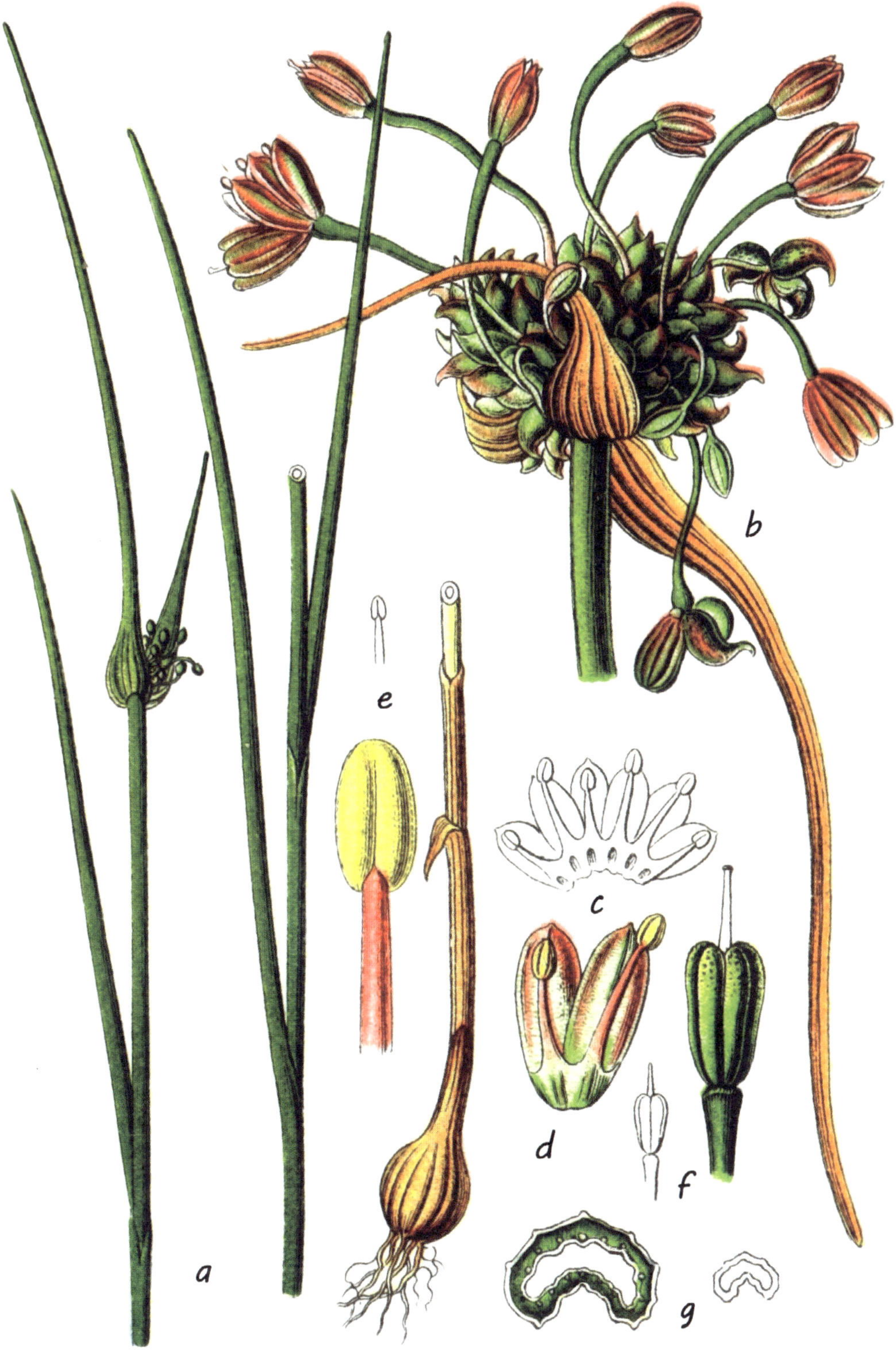
a
b
c
d
e
f
g

Gemeine Schopfhyazinthe
Muscari comosum

Band 1, Tafel 40

Deutsche Namen

Schopf-Träubel; Schopfige Träubelhyazinthe,
Schopfige Traubenhyazinthe, Schopf-Traubenhyazinthe

Wissenschaftlicher Name

Leopoldia comosa (L.) Parl.

Synonyme

Bellevalia bouriana, Bellevalia calandriniana, Bellevalia comosa, Bellevalia graeca, Bellevalia graminifolia, Bellevalia holzmannii, Bellevalia pharmacusana, Bellevalia pinardii, Bellevalia sartoriana, Botrycomus vulgaris, Etheiranthus constrictus, Etheiranthus milleri, Eubotrys comosa, Hyacinthus comosus, Hyacinthus fuliginosus, Hyacinthus monstrosus, Hyacinthus paniculatus, Leopoldia anguliflora, Leopoldia bormaniana, Leopoldia bouviana, Leopoldia calandriniana, Leopoldia clusiana, Leopoldia constricta, Leopoldia curta, Leopoldia graeca, Leopoldia graminifolia, Leopoldia holzmannii, Leopoldia pharmacusana, Leopoldia pinardii, Leopoldia pyramidali s, Leopoldia sartoriana, Leopoldia trojana, Muscari bouvianum, Muscari bulgaricum, Muscari calandrinianum, Muscari charrellii, Muscari comosum, Muscari constrictum, Muscari courtilleri, Muscari cousturieri, Muscari cretensium, Muscari curtum, Muscari giennense, Muscari graecum, Muscari graminifolium, Muscari holzmannii, Muscari longissimum, Muscari monstrosum, Muscari paniculatum, Muscari pharmacusanum, Muscari pinardii, Muscari pyramidale, Muscari sartorianum, Muscari segusianum, Muscari trojanum, Pelotris paniculatus, Scilla comosa, Scilla monstrosa

Krautige Pflanze

30 bis 80 cm hoch

Blütezeit: Februar bis Juni

Säume u. Staudenfluren, Gebüsche,
Grünland u. Zwergstrauchheiden, kurzlebige Ruderalvegetation

An basenreichen, trockenen Standorten

Von der planaren bis zur montanen Höhenstufe

Garten- o. Zierpflanze, Heil-, Arznei- o. Giftpflanze,
landschaftspflegerische u. gestalterische Nutzung, Nahrungsmittel

[a] Habitus, verkleinert. [b] Blütenstand. [c] Blüte. [d] aufpräparierte Blüte. [e] Fruchtknoten, vergrößert. [f] Fruchtknoten im Querschnitt, vergrößert. [g] Blattspitze. [h] Blatt im Querschnitt, auch vergrößert. [i] Kapsel. [k] Kapsel im Querschnitt. [l] Same nebst Querschnitt, auch vergrößert.

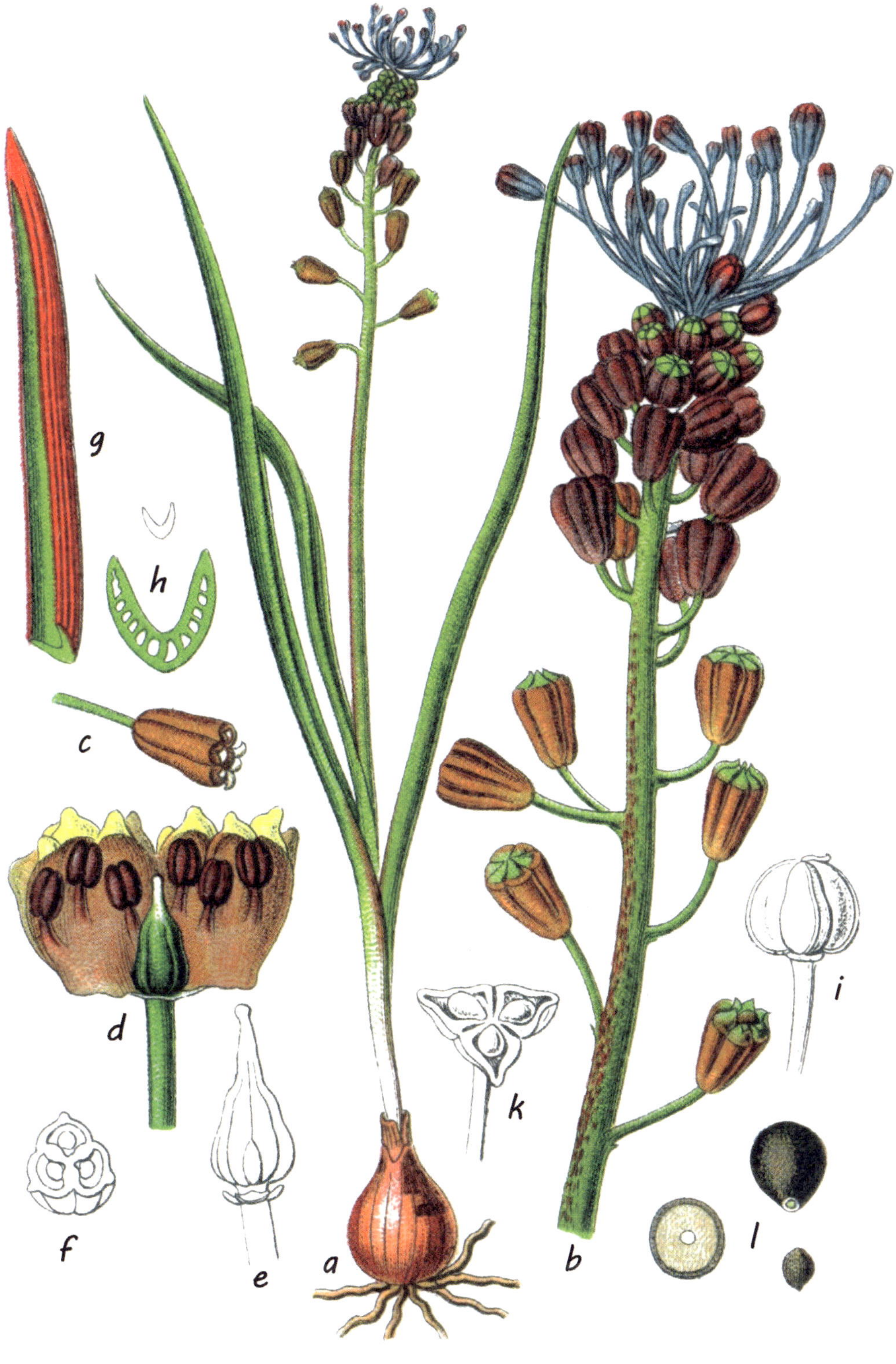
g
h
c
d
f
e
a
k
b
i
l

Vielblumiges Salomonssiegel
Convallaria multiflora

Band 1, Tafel 42

Deutscher Name

Vielblütige Weißwurz

Wissenschaftlicher Name

Polygonatum multiflorum (L.) All.

Synonyme

Convallaria ambigua, Convallaria broteroi, Convallaria govaniana, Convallaria multiflora, Polygonatum bracteatum, Polygonatum govanianum, Polygonatum gussonei, Polygonatum intermedium, Polygonatum salamonis

Krautige Pflanze

30 bis 80 cm hoch

Blütezeit: April bis August

Säume u. Staudenfluren, Gebüsche, Wälder

Von der planaren bis zur subalpinen Höhenstufe

Garten- o. Zierpflanze, Heil-, Arznei- o. Giftpflanze, landschaftspflegerische u. gestalterische Nutzung

[a] Habitus, verkleinert. [b] Blüte. [c] aufpräparierte Blüte. [d] Kronblatt und Staubblatt, vergrößert. [e] Fruchtknoten, vergrößert. [f-g] Fruchtknoten im Längs- und Querschnitt, vergrößert. [h] Haare des Staubfadens, vergrößert. [i] Fruchstand mit 2 Beeren. [k] Kapsel im Querschnitt. [l] Same. [m] Samen im Längs- und Querschnitt.

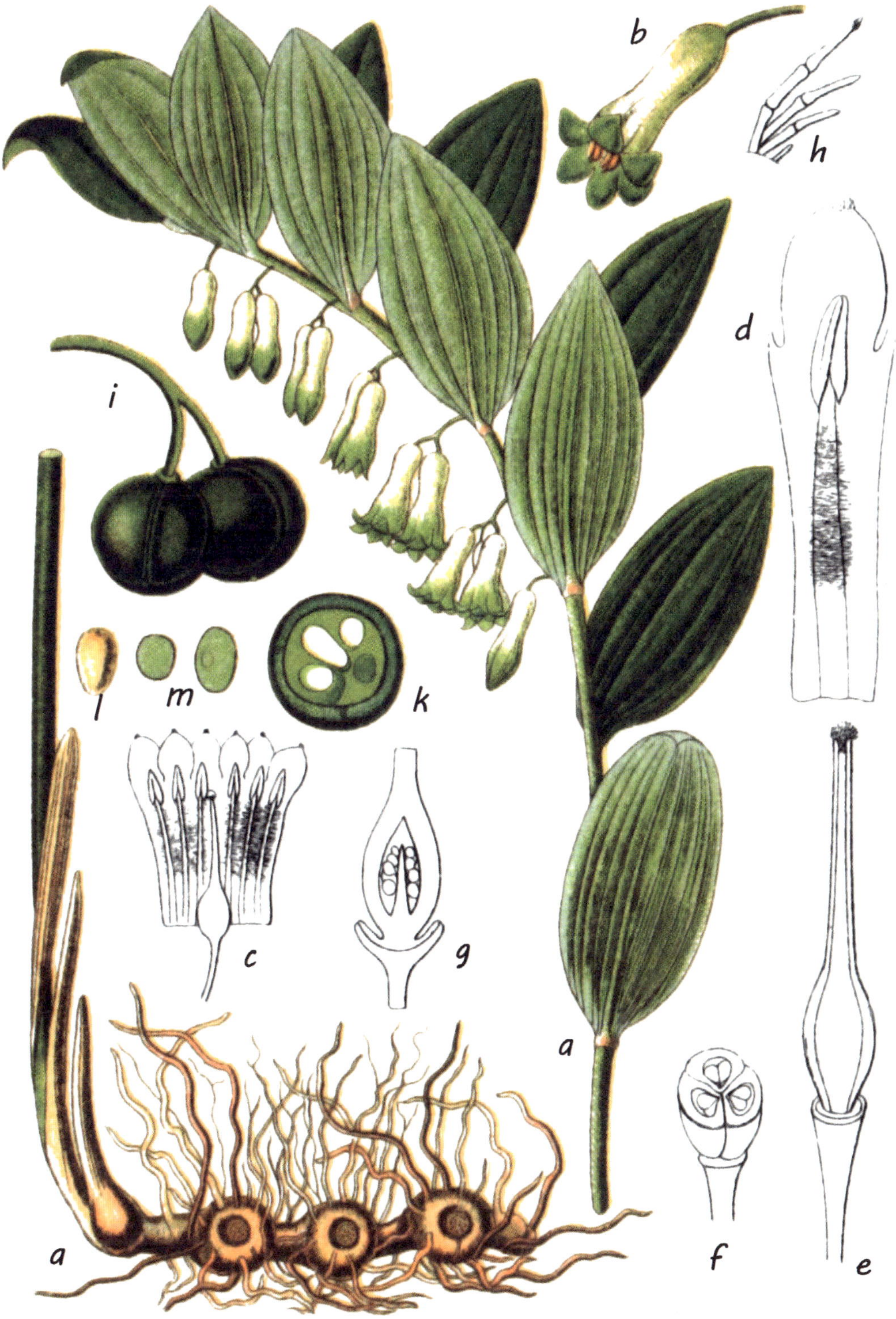
b
h
d
i
l
m
k
c
g
a
a
f
e

Echtes Schneeglöckchen
Galanthus nivalis

Band 1, Tafel 49

Deutsche Namen

Gewöhnliches Schneeglöckchen;
Kleines Schneeglöckchen, Schneeglöckchen

Wissenschaftlicher Name

Galanthus nivalis L.

Synonyme

Chianthemum nivale, Galanthus alexandri, Galanthus imperati, Galanthus melvillei, Galanthus montanus, Galanthus scharlokii, Galanthus umbricus

Krautige Pflanze

Bis 20 cm hoch

Blütezeit: Januar bis April

Gebüsche, Wälder

An basenreichen Standorten

Von der planaren bis zur montanen Höhenstufe

Zier- o. Nutzpflanze

[a] Habitus, verkleinert. [b] äußeres Perigonblatt. [c] inneres Perigonblatt. [d] Fruchtknoten und Staubblätter. [e] Fruchtknoten. [f-g] Staubblätter, vergrößert. [h] Kapsel. [i] geöffnete Kapsel. [k] Same.

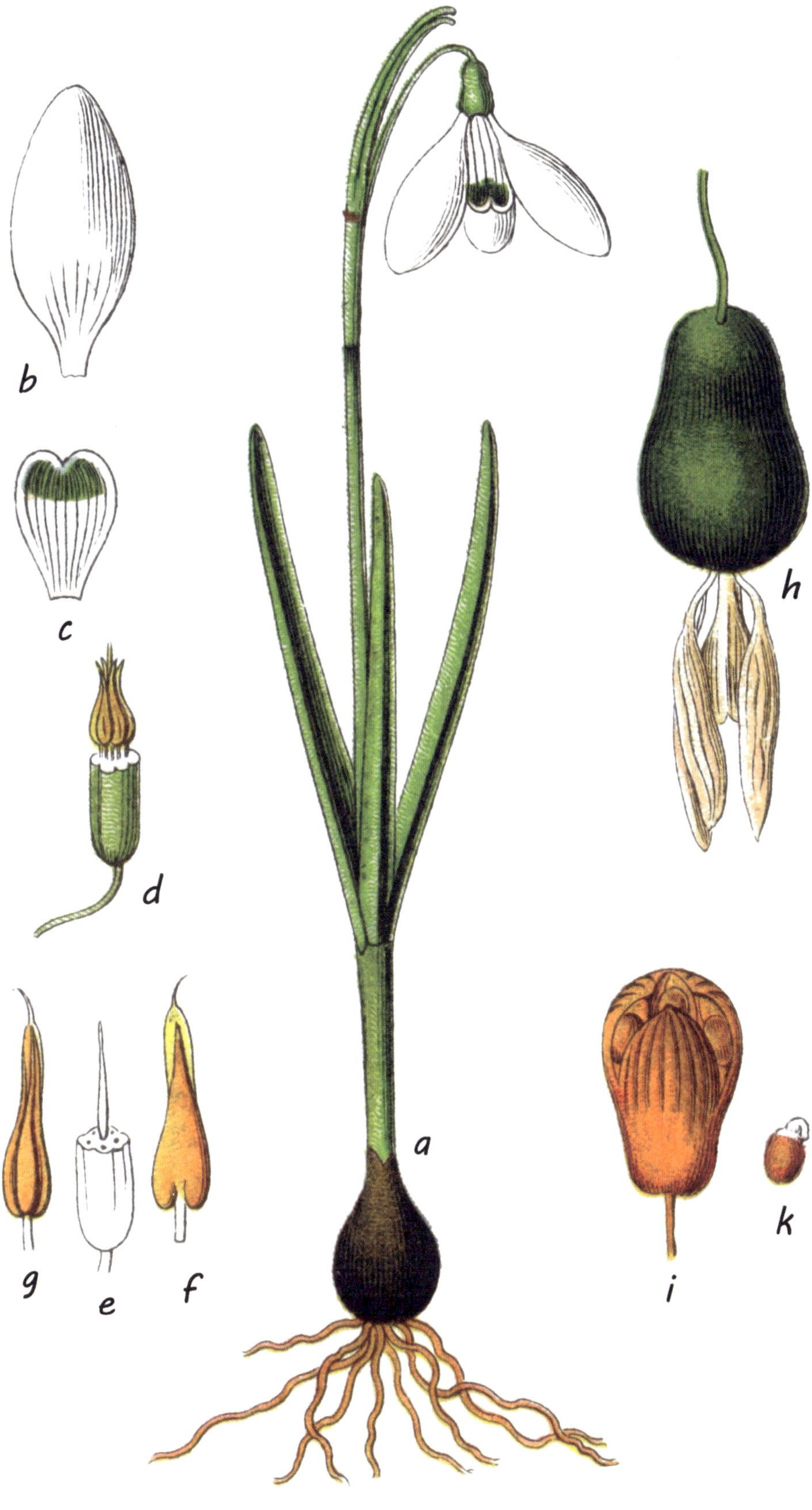
b
c
d
h
a
g
e
f
i
k

Runder Allermannsharnisch
Gladiolus paluster

Band 1, Tafel 52

Deutsche Namen

Sumpf-Siegwurz; Sumpf-Gladiole

Wissenschaftlicher Name

Gladiolus palustris Gaudin

Synonyme

Gladiolus boucheanus, Gladiolus felicis,
Gladiolus parviflorus, Gladiolus pratensis

Krautige Pflanze

30 bis 60 cm hoch

Blütezeit: April bis August

Extensivgrünland, Magerrasen o. Zwergstrauchheiden

An nährstoffarmen, basenreichen, wechselfeuchten Standorten

In der collinen u. montanen Höhenstufe

Heil-, Arznei- o. Giftpflanze

[a-b] Habitus, a*: Zwiebelschale, verkleinert. [c] Blüte ohne äußere Perigonblätter. [d] äußere Perigonblätter. [e] Griffelspitze mit Narben, vergrößert. [f] Kapsel. [g] Kapsel im Querschnitt. [h] Samen nebst Querschnitt, vergrößert. [i] Same ohne Flügel.

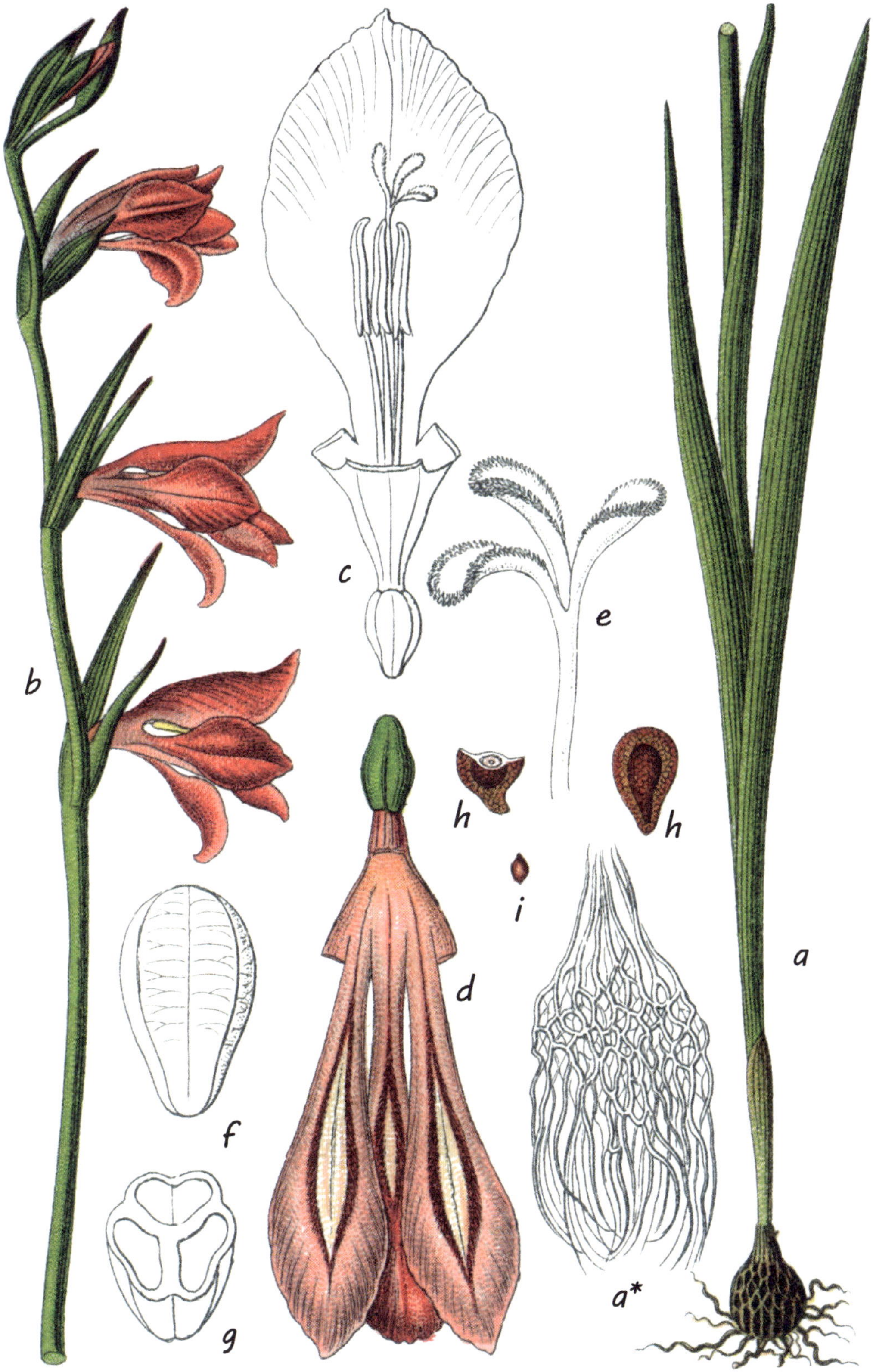
c
e
b
h
h
i
d
a
f
a*
g

Bunte Schwertlilie
Iris variegata

Band 1, Tafel 57

Deutscher Name

Gelbliche Schwertlilie

Wissenschaftlicher Name

Iris variegata L.

Synonyme

Iris benacensis, Iris flavescens, Iris lepida, Iris leucographa, Iris limbata, Iris mangaliae, Iris reginae, Iris rudskyi

Krautige Pflanze

10 bis 20 cm hoch

Blütezeit: April bis Juni

Extensivgrünland, Magerrasen o. Zwergstrauchheiden

An trockenen Standorten

In der collinen u. montanen Höhenstufe

Zier- o. Nutzpflanze

[a] Habitus, verkleinert. [b] geöffnete Kapsel. [c] Same.

a
b
c

Gemeiner Aronsstab
Arum maculatum

Band 1, Tafel 63

Deutsche Namen

Gefleckter Aronstab; Südöstlicher Aronstab

Wissenschaftlicher Name

Arum maculatum L.

Synonyme

Arisarum maculatum, Arum gracile,
Arum heldreichii, Arum immaculatum, Arum malyi,
Arum pyrenaeum, Arum trapezuntinum,
Arum vernale, Arum vulgare, Arum zelebori

Krautige Pflanze

15 bis 50 cm hoch

Blütezeit: Februar bis Juni

Gebüsche, Wälder

An nährstoffreichen Standorten

Von der planaren bis zur montanen Höhenstufe

Garten- o. Zierpflanze, Heil-, Arznei- o. Giftpflanze,
landschaftspflegerische u. gestalterische Nutzung

[a] Habitus, verkleinert. [b] Blütenstand. [c] taube (nicht fertile) Blüte, vergrößert. [d] ♂ Blüte, vergrößert. [e] ♀ Blüte, vergrößert. [f] Fruchtstand. [g] Beere im Längsschnitt. [h] Samen, auch vergrößert.

a
b
c
d
e
f
g
h

Pfeilkraut
Sagittaria sagittifolia

Band 4, Tafel 2

Deutsche Namen

Gewöhnliches Pfeilkraut; Echtes Pfeilkraut

Wissenschaftlicher Name

Sagittaria sagittifolia L.

Am Gewässergrund wurzelnde Wasserpflanze

Blütezeit: April bis Oktober

Gewässer, Ufer, Röhrichte

In der planaren u. collinen Höhenstufe

Heil-, Arznei- o. Giftpflanze, Nahrungsmittel, Tierfutter

[a] Habitus, verkleinert. [b] ♂ Blüte im Längsschnitt. [c] Staubblätter, vergrößert. [d] ♀ Blüte im Längsschnitt. [e] unreife Frucht aus vielen Nüsschen.

d
b
c
a
a
a
a
e

Froschbiss
Hydrocharis morsusranae

Band 4, Tafel 6

DEUTSCHER NAME

Europäischer Froschbiss

WISSENSCHAFTLICHER NAME

Hydrocharis morsus-ranae L.

Freischwimmende Wasserpflanze

Blütezeit: April bis August

Gewässer

Von der planaren bis zur montanen Höhenstufe

Zier- o. Nutzpflanze

[a] ♂ Pflanze, verkleinert. [b] 2 verwachsene Staubblätter, vergrößert. [c] fertiles und infertiles (taubes) Staubblatt, vergrößert. [d] ♀ Blüte. [e-g] ♀ Blüten ohne Blütenhüllblätter, verkleinert. [h] junge Frucht. [i] junge Frucht im Querschnitt, vergrößert. [k] Samenanlage, vergrößert.

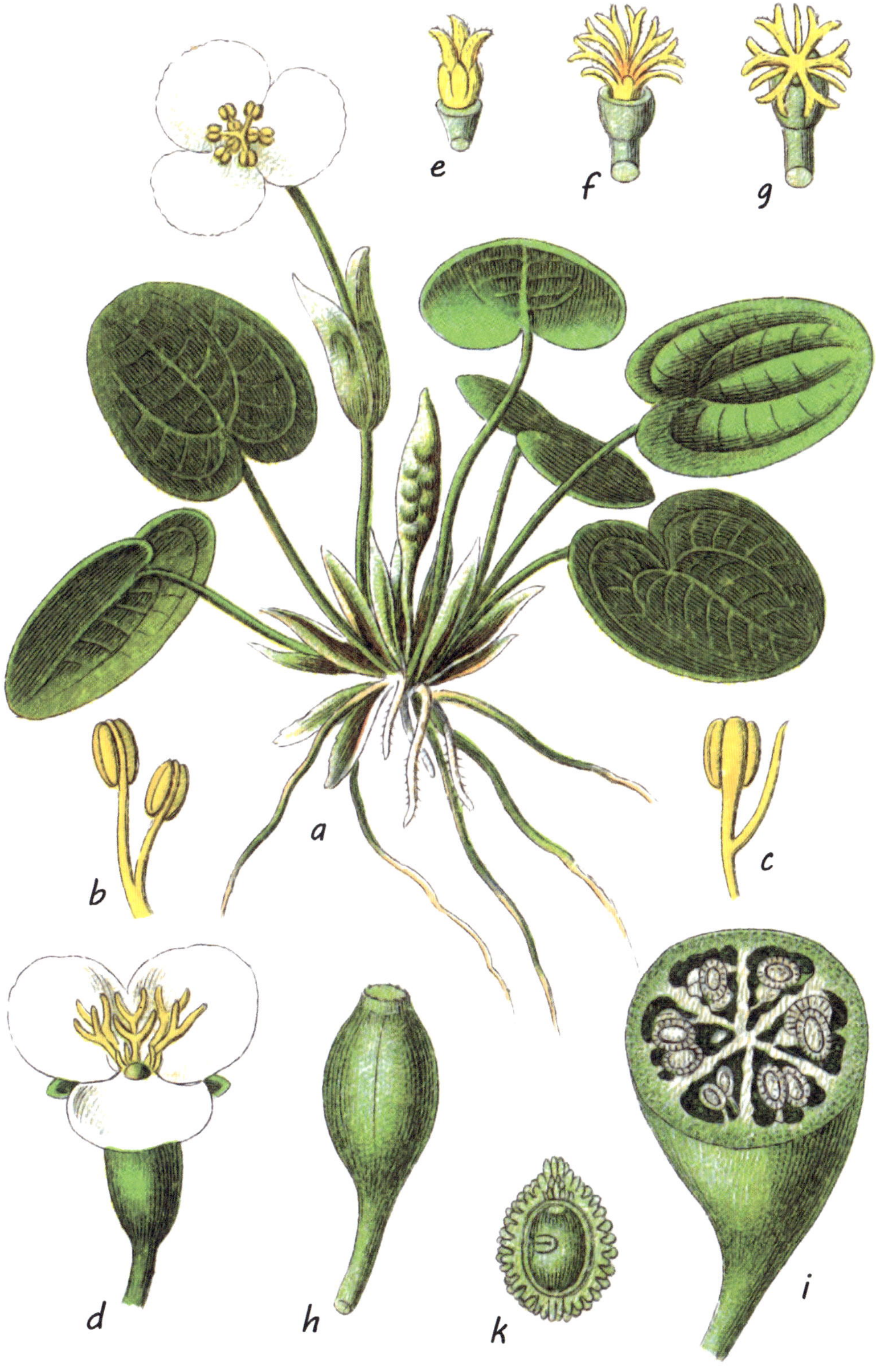
e
f
g
a
b
c
d
h
k
i

Blumenbinse
Butomus umbellatus

Band 4, Tafel 7

Deutsche Namen

Schwanenblume;
Wasserliesch, Wasserviole

Wissenschaftlicher Name

Butomus umbellatus L.

Am Gewässergrund wurzelnde Wasserpflanze

Blütezeit: April bis August

Gewässer, Ufer, Röhrichte

Von der planaren bis zur montanen Höhenstufe

Baumaterial, Garten- o. Zierpflanze, Heil-, Arznei- o. Giftpflanze, landschaftspflegerische u. gestalterische Nutzung, Nahrungsmittel

[a] Habitus, verkleinert. [b] Teil eines Stängels. [c] Blüte. [d] unreife Frucht aus mehreren Bälgen. [e] Staubblatt, vergrößert. [f] Kelchblätter und Fruchtknoten. [g] Frucht mit 6 Bälgen im Querschnitt. [h] Same nebst Längs- und Querschnitt, auch vergrößert.

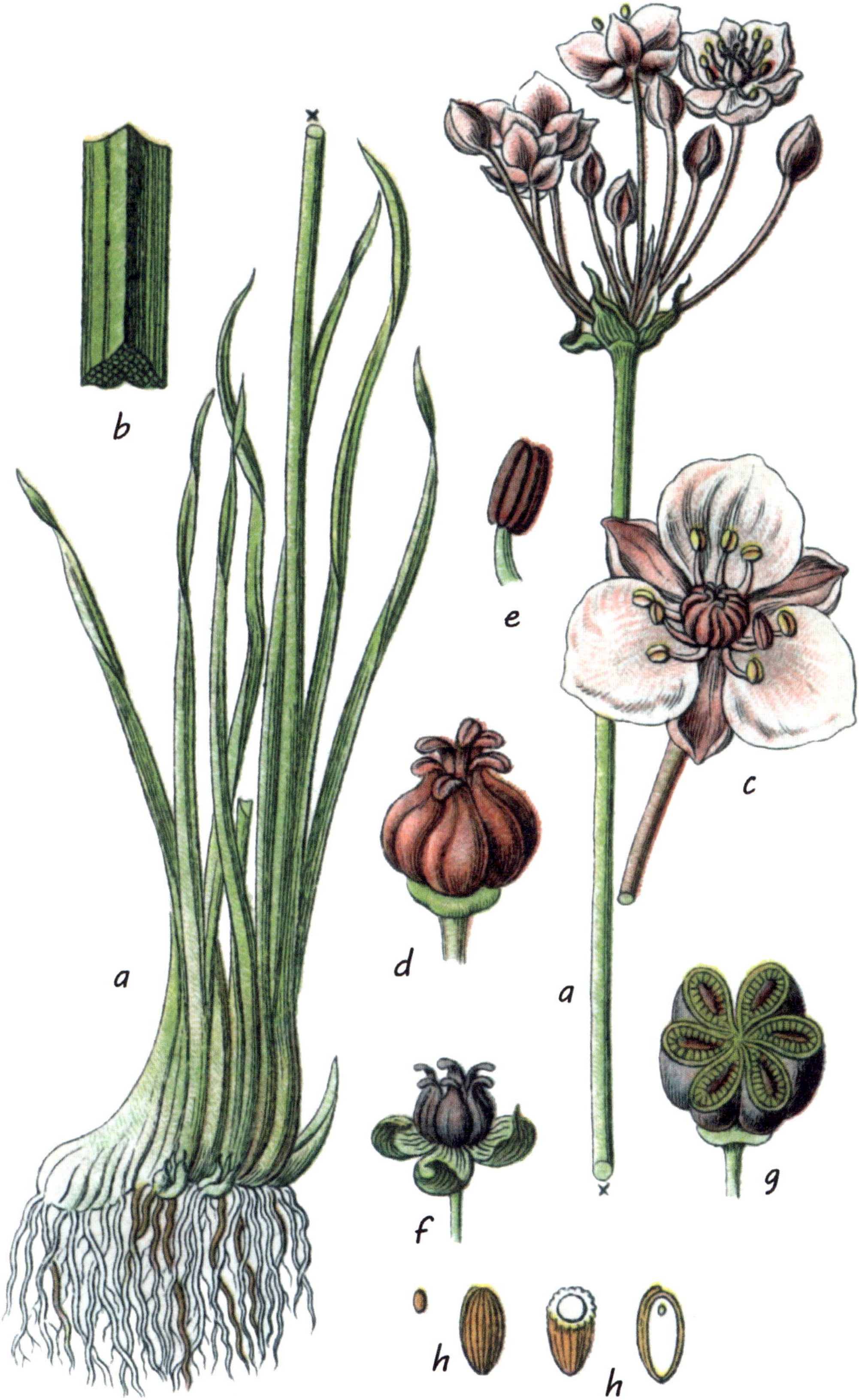
b
e
c
a
d
a
g
f
h
h

Gebrannte Orchis
Orchis ustulata

Band 4, Tafel 11

Deutsche Namen

Brand-Knabenkraut;
Frühlings-Brand-Knabenkraut,
Sommer-Brand-Knabenkraut

Wissenschaftlicher Name

Neotinea ustulata (L.) R. M. Bateman, Pridgeon & M. W. Chase

Synonyme

Odontorchis ustulata, Orchis ustulata

Krautige Pflanze

20 bis 30 cm hoch

Blütezeit: April bis August

Säume u. Staudenfluren, Extensivgrünland, Magerrasen o. Zwergstrauchheiden

Von der collinen bis zur alpinen Höhenstufe

Heil-, Arznei- o. Giftpflanze

[a] Habitus, verkleinert. [b] Blüte. [c] Blüte, vergrößert. [d] unreife Kapsel. [e] Samen, auch vergrößert.

b
c
d
e
a

Europäischer Frauenschuh
Cypripedium calceolus

Band 4, Tafel 21

Deutsche Namen

Frauenschuh; Echter Frauenschuh,
Gelber Frauenschuh, Marien-Frauenschuh

Wissenschaftlicher Name

Cypripedium calceolus L.

Synonyme

Calceolus alternifolius, Calceolus marianus, Cypripedilon marianus, Cypripedium alternifolium, Cypripedium atsmori

Krautige Pflanze

15 bis 60 cm hoch

Blütezeit: April bis August

Säume u. Staudenfluren, Gebüsche, Wälder

An basenreichen, wechselfeuchten Standorten

Von der collinen bis zur subalpinen Höhenstufe

Garten- o. Zierpflanze, Heil-, Arznei- o. Giftpflanze

[a] Habitus, verkleinert. [b] Blüte ohne Lippe. [c] Lippe. [d] verwachsene Staubblätter und Narben (Gymnostemium), vergrößert. [e] Staubblätter, vergrößert. [f] Pollen, vergrößert. [g] unreife Kapsel mit verblühten Perigonblättern. [h] Kapsel im Querschnitt. [i] Samen, auch vergrößert.

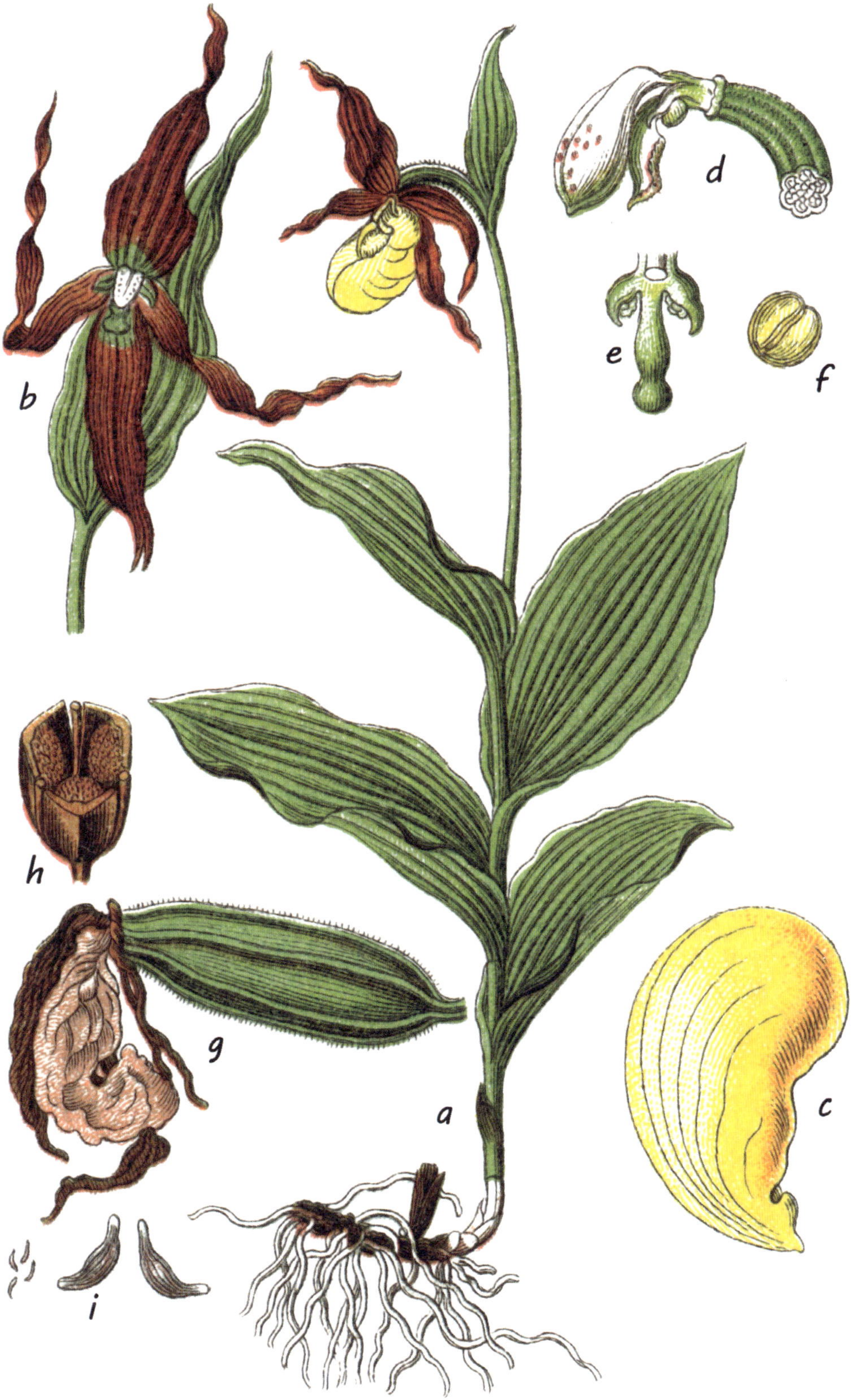

b
d
e
f
h
g
a
c
i

Korb-Weide
Salix viminalis

Band 4, Tafel 27

WISSENSCHAFTLICHER NAME

Salix viminalis L.

SYNONYME

Salix linearis, Salix pseudolinearis,
Salix rossica, Salix veriviminalis

Baum- oder strauchförmig

Bis 10 m hoch

Blütezeit: März bis Mai

Ufer, Gebüsche, Wälder

An feuchten bis nassen, periodisch überfluteten Standorten

Von der planaren bis zur montanen Höhenstufe

Baumaterial, Brennstoff, Heil-, Arznei- o. Giftpflanze,
landschaftspflegerische u. gestalterische Nutzung, für soziale u. rituelle Zwecke

[a] Zweig mit ♂ Blütenständen. [b] ♂ Blüte mit Tragblatt, vergrößert. [c] ♀ Blütenstand. [d-e] ♀ Blüten mit Tragblättern, vergrößert. [f-g] Blattober- und Unterseite. [h] Kapsel. [i] Hälfte einer Kapsel, vergrößert. [k] Same mit Haaren, vergrößert.

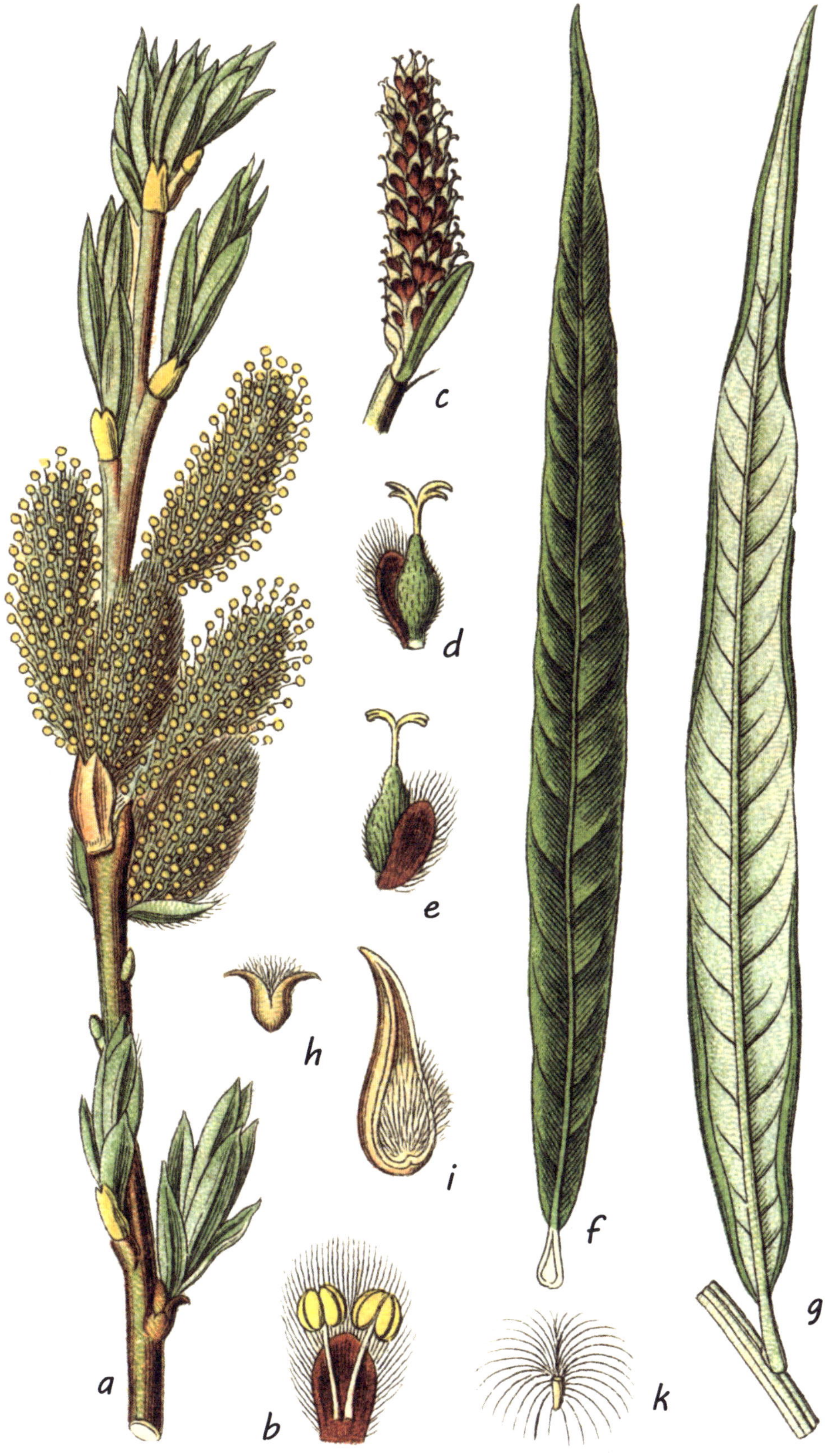

a
b
c
d
e
f
g
h
i
k

Espe
Populus tremula

Band 4, Tafel 30

Deutsche Namen

Zitter-Pappel; Aspe

Wissenschaftlicher Name

Populus tremula L.

Synonym

Populus schischkinii

Bis 25 m hoher Laubbaum

Blütezeit: März bis Mai

Wälder

Von der planaren bis zur montanen Höhenstufe

Baumaterial, Brennstoff, Heil-, Arznei- o. Giftpflanze, landschaftspflegerische u. gestalterische Nutzung

[a] Zweig mit ♂ Blüten. [b] ♂ Blüte mit Tragblatt, vergrößert. [c] Zweig mit ♀ Blüten. [d] ♀ Blüte mit Tragblatt, vergrößert. [e] Zweig mit Fruchtständen. [f] Kapsel, vergrößert. [g] Same ohne Haare, vergrößert.

a
b
e
c
g
d
h
f

Stiel-Eiche
Quercus pedunculata

Band 4, Tafel 31

Deutscher Name

Sommer-Eiche

Wissenschaftlicher Name

Quercus robur L.

Bis 35 m hoher Laubbaum

Blütezeit: Februar bis Juni

Wälder

Von der planaren bis zur montanen Höhenstufe

Baumaterial, Brennstoff, Garten- o. Zierpflanze, Heil-, Arznei- o. Giftpflanze, landschaftspflegerische u. gestalterische Nutzung, Nahrungsmittel, Tierfutter

[a] Zweig mit ♂ und ♀ Blütenständen. [b] ♂ Blüte, Staubblätter meist entfernt, vergrößert. [c] Staubblätter, vergrößert. [d] Blätter. [e] Fruchtstand mit 3 Eicheln. [f] verholzte Fruchthülle (Fruchtbecher). [g-h] Samen im Längs- und Querschnitt.

d
c
b
a
h
g
e
f

Hasel
Corylus avellana

Band 4, Tafel 32

Deutsche Namen

Gewöhnliche Hasel; Gewöhnliche Haselnuss

Wissenschaftlicher Name

Corylus avellana L.

Synonyme

Corylus glandulosa, Corylus imeretica, Corylus pontica

Meist strauchförmig

Bis 12 m hoch

Blütezeit: Januar bis April

Gebüsche, Wälder

Von der planaren bis zur montanen Höhenstufe

Baumaterial, Brennstoff, Garten- o. Zierpflanze, genetische Ressource, Heil-, Arznei- o. Giftpflanze, landschaftspflegerische u. gestalterische Nutzung, Nahrungsmittel

[a] Zweig mit ♂ und ♀ Blütenständen, verkleinert. [b] ♂ Teilblütenstand, vergrößert. [c] Zweig mit ♀ Blütenstand, vergrößert. [d] ♀ Teilblütenstand aus 2 Blüten, vergrößert. [e] Zweig mit reifen Haselnüssen, verkleinert. [f] Haselnuss, verkleinert.

c
d
e
b
a
f

Hagebuche
Carpinus betulus

Band 4, Tafel 33

Deutsche Namen

Hainbuche; Gewöhnliche Hainbuche, Weißbuche

Wissenschaftlicher Name

Carpinus betulus L.

Synonym

Carpinus caucasica

Meist baumförmig

Bis 20 m hoch

Blütezeit: April bis Juni

Gebüsche, Wälder

Von der planaren bis zur montanen Höhenstufe

Baumaterial, Garten- o. Zierpflanze, Heil-, Arznei- o. Giftpflanze, landschaftspflegerische u. gestalterische Nutzung

[a] Zweig mit ♂ und ♀ Blütenständen. [b] ♂ Teilblütenstand mit Tragblatt, vergrößert. [c] ♀ Blütenstand, vergrößert. [d] ♀ Teilblütenstand aus 2 Blüten, 2 Vorblättern und Tragblatt, vergrößert. [e] Fruchtstand, verkleinert. [f] Nuss mit Flügel aus verwachsenen Trag- und Vorblättern.

c
b
e
a
d
f

Schwarz-Eller
Alnus glutinosa

Band 4, Tafel 35

Deutsche Namen

Schwarz-Erle; Rot-Erle

Wissenschaftlicher Name

Alnus glutinosa (L.) Gaertn.

Bis 35 m hoher Laubbaum

Blütezeit: Januar bis April

Ufer, Wälder, Moore, Seggenriede

An nährstoffarmen, feuchten bis nassen, periodisch überfluteten Standorten

Von der planaren bis zur montanen Höhenstufe

Baumaterial, Brennstoff, Garten- o. Zierpflanze, Heil-, Arznei- o. Giftpflanze, landschaftspflegerische u. gestalterische Nutzung, Nahrungsmittel

[a] Zweig mit austreibenden Blättern. [b] Zweig mit jungem ♂ Blütenstand. [c] Zweig mit ♂ und ♀ Blütenständen. [d-e] ♂ Teilblütenstände, auch vergrößert. [f] ♂ Blüte, vergrößert. [g] Zweigspitze mit ♀ Blütenstand, vergrößert. [h-i] ♀ Teilblütenstände aus 2 Blüten mit Tragblatt, vergrößert. [k] Zweigspitze mit jungem Zapfen. [l] Zweigspitze mit reifem Zapfen. [m-n] verholzte Zapfenschuppen, vergrößert. [o] geflügelte Nuss, auch vergrößert. [p-q] geflügelte Nuss im Längs- und Querschnitt, vergrößert.

a
b
c
d
e
f
g
h
i
k
l
m
n
o
p
q

Kleinblätterige Ulme
Ulmus campestris

Band 4, Tafel 36

Deutsche Namen

Feld-Ulme

Wissenschaftlicher Name

Ulmus minor Mill.

Bis 40 m hoher Laubbaum, selten strauchförmig

Blütezeit: Februar bis April

Wälder

An nährstoffreichen, basenreichen, wechselfeuchten Standorten

Von der planaren bis zur montanen Höhenstufe

Baumaterial, Garten- o. Zierpflanze,
Genetische Ressource, Heil-, Arznei- o. Giftpflanze,
landschaftspflegerische u. gestalterische Nutzung,
für soziale u. rituelle Zwecke

[a] Zweig mit Blüten. [b] Blüte, vergrößert. [c] Zweig mit Früchten, verkleinert. [d] geflügelte Nuss. [e] Same, vergrößert.

d
e
c
a
b

Echter Hopfen
Humulus lupulus

Band 4, Tafel 38

Deutsche Namen

Gewöhnlicher Hopfen; Hopfen

Wissenschaftlicher Name

Humulus lupulus L.

Mehrjährige Kletterpflanze

Bis 6 m hoch kletternd

Blütezeit: Juni bis August

Gebüsche, Wälder, Äcker o. Sonderkulturen

An nährstoffreichen, feuchten bis nassen, periodisch überfluteten Standorten

Von der planaren bis zur montanen Höhenstufe

Baumaterial, Garten- o. Zierpflanze,
genetische Ressource, Heil-, Arznei- o. Giftpflanze,
landschaftspflegerische u. gestalterische Nutzung, Nahrungsmittel

[a] Zweig mit ♂ Blütenstand. [b] ♂ Blüte, vergrößert. [c] Staubblatt, vergrößert. [d] Zweig mit ♀ Blüten. [e] ♀ (Teil-) Blütenstand mit Tragblatt aus 2 Blüten, vergrößert. [f] Zweig mit Fruchtständen, verkleinert. [g] Tragblatt eines Teilfruchtstands. [h] Nuss, auch vergrößert.

a
d
f
c
b
e
g
h

Echtes Vermeinkraut
Thesium alpinum

Band 4, Tafel 44

Deutsche Namen

Alpen-Vermeinkraut; Alpen-Leinblatt, Gemeiner Bergflachs

Wissenschaftlicher Name

Thesium alpinum L.

Synonym

Thesium tenuifolium

Krautige Pflanze

Bis 25 cm hoch

Blütezeit: April bis August

Säume u. Staudenfluren, Gebüsche, Extensivgrünland, Magerrasen o. Zwergstrauchheiden, Geröll u. Felsbiotope

An nährstoffarmen, basenreichen Standorten

Von der montanen bis zur alpinen Höhenstufe

[a] Habitus, verkleinert. [b] Blüte, auch vergrößert. [c] aufpräparierte Blüte, vergrößert. [d] Nuss, auch vergrößert. [e] Nuss im Querschnitt, vergrößert. [f] Same, auch vergrößert.

b
d
c
a
f
e

Echte Haselwurz
Asarum europaeum

Band 4, Tafel 46

Deutsche Namen

Europäische Haselwurz; Gewöhnliche Europäische Haselwurz, Gewöhnliche Haselwurz, Kaukasische Haselwurz

Wissenschaftlicher Name

Asarum europaeum L.

Krautige Pflanze

Bis 10 cm hoch

Blütezeit: Februar bis Juni

Gebüsche, Wälder

An basenreichen Standorten

In der collinen u. montanen Höhenstufe

Garten- o. Zierpflanze, Heil-, Arznei- o. Giftpflanze

[a] Habitus, verkleinert. [b] Blüte. [c] Blüte im Längsschnitt, vergrößert. [d] Staubblatt, auch vergrößert. [e] Griffelspitze mit Narben, auch vergrößert. [f] Kapsel. [g] Kapsel im Querschnitt. [h] Samen, auch vergrößert.

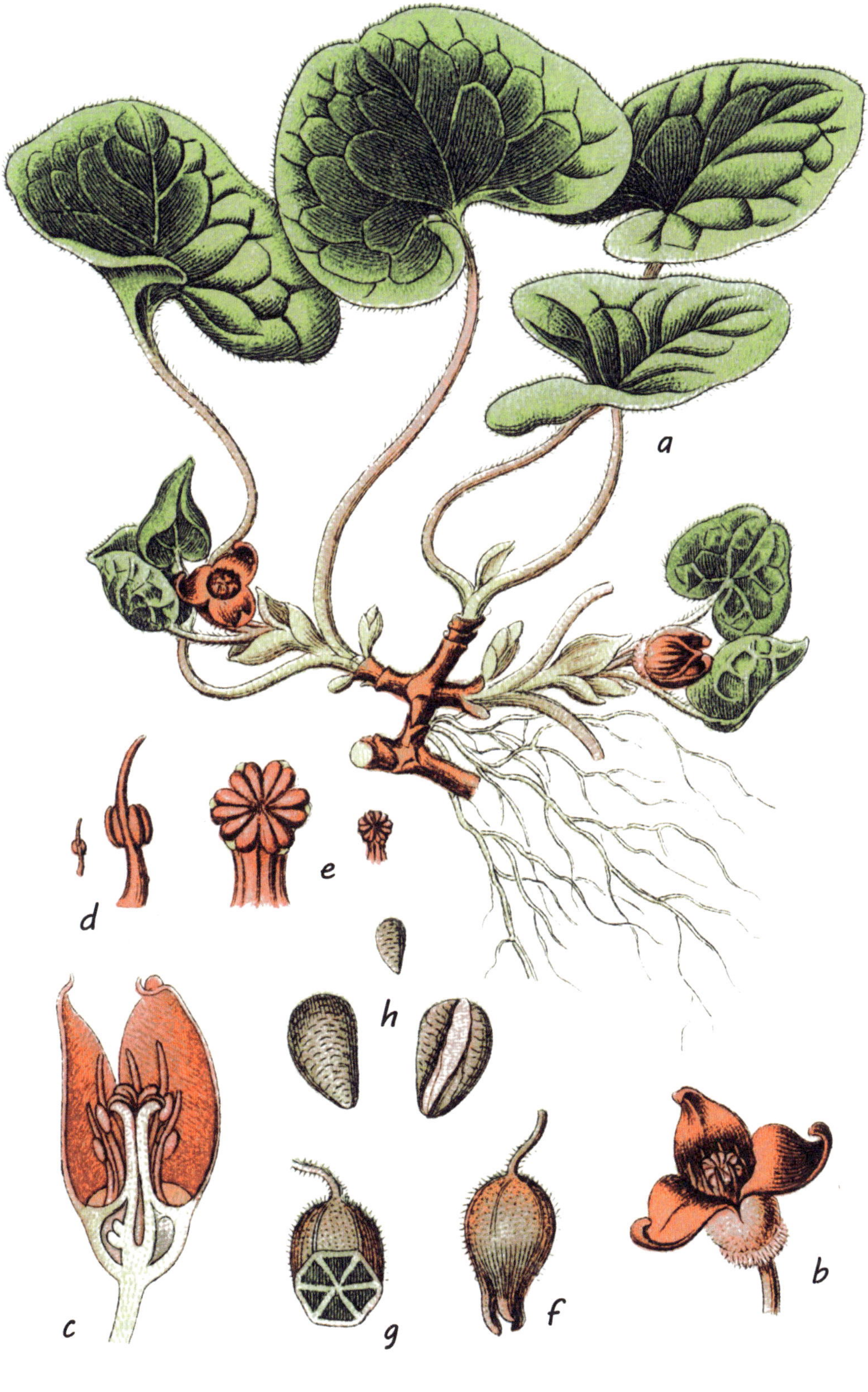
a
d
e
h
c
g
f
b

Kleiner Sauerampfer
Rumex acetosella

Band 4, Tafel 58

Deutsche Namen

Kleiner Sauer-Ampfer;
Gewöhnlicher Kleiner Sauerampfer, Hüllfrüchtiger Sauerampfer,
Verwachsenfrüchtiger Kleiner Sauerampfer

Wissenschaftlicher Name

Rumex acetosella L.

Synonym

Acetosella vulgaris

Krautige Pflanze

10 bis 30 cm hoch

Blütezeit: April bis August

Moore, Seggenriede, Extensivgrünland,
Magerrasen o. Zwergstrauchheiden, Geröll u. Felsbiotope,
kurzlebige Ruderalvegetation

An sauren Standorten

Von der planaren bis zur montanen Höhenstufe

Heil-, Arznei- o. Giftpflanze

[a] ♂ Pflanze. [b] ♂ Blüte, auch vergrößert. [c] ♀ Blüte, auch vergrößert. [d] Nuss, auch vergrößert.

a
b
c
d

Natterwurz
Polygonum bistorta

Band 4, Tafel 61

Deutsche Namen

Schlangen-Wiesenknöterich; Schlangen-Knöterich

Wissenschaftlicher Name

Bistorta officinalis Delarbre

Synonyme

Bistorta major, Persicaria bistorta, Polygonum bistorta

Krautige Pflanze

30 bis 120 cm hoch

Blütezeit: April bis August

Ufer, Röhrichte, Säume u. Staudenfluren, Gebüsche, Wälder, Grünland u. Zwergstrauchheiden

An feuchten bis nassen Standorten

Von der planaren bis zur subalpinen Höhenstufe

Garten- o. Zierpflanze, Heil-, Arznei- o. Giftpflanze, landschaftspflegerische u. gestalterische Nutzung, Nahrungsmittel

[a] Habitus, verkleinert. [b] Blüte, vergrößert. [c] Fruchtknoten, vergrößert. [d] unreife Nuss mit Griffeln in der Hülle, vergrößert. [e] Nuss, auch vergrößert.

a
a
b
c
d
e

Rade
Silene githago

Band 5, Tafel 17

Deutsche Namen

Korn-Rade; Gewöhnliche Kornrade

Wissenschaftlicher Name

Agrostemma githago L.

Synonyme

Agrostemma linicola,
Agrostemma nicaeense, Lychnis githago

Krautige Pflanze

40 bis 100 cm hoch

Blütezeit: April bis September

Säume u. Staudenfluren, Äcker o. Sonderkulturen, kurzlebige Ruderalvegetation

Von der planaren bis zur montanen Höhenstufe

Garten- o. Zierpflanze, Heil-, Arznei- o. Giftpflanze,
landschaftspflegerische u. gestalterische Nutzung, für soziale u. rituelle Zwecke

[a] Habitus, verkleinert. [b] Blüte, verkleinert. [c] Kelch, verkleinert. [d] Kronblatt und Staubblatt. [e] Staubblätter und Fruchtknoten. [f] Fruchtkelch, verkleinert. [g] Kapsel, verkleinert. [h] Kapsel im Längsschnitt. [i] Samen, auch vergrößert.

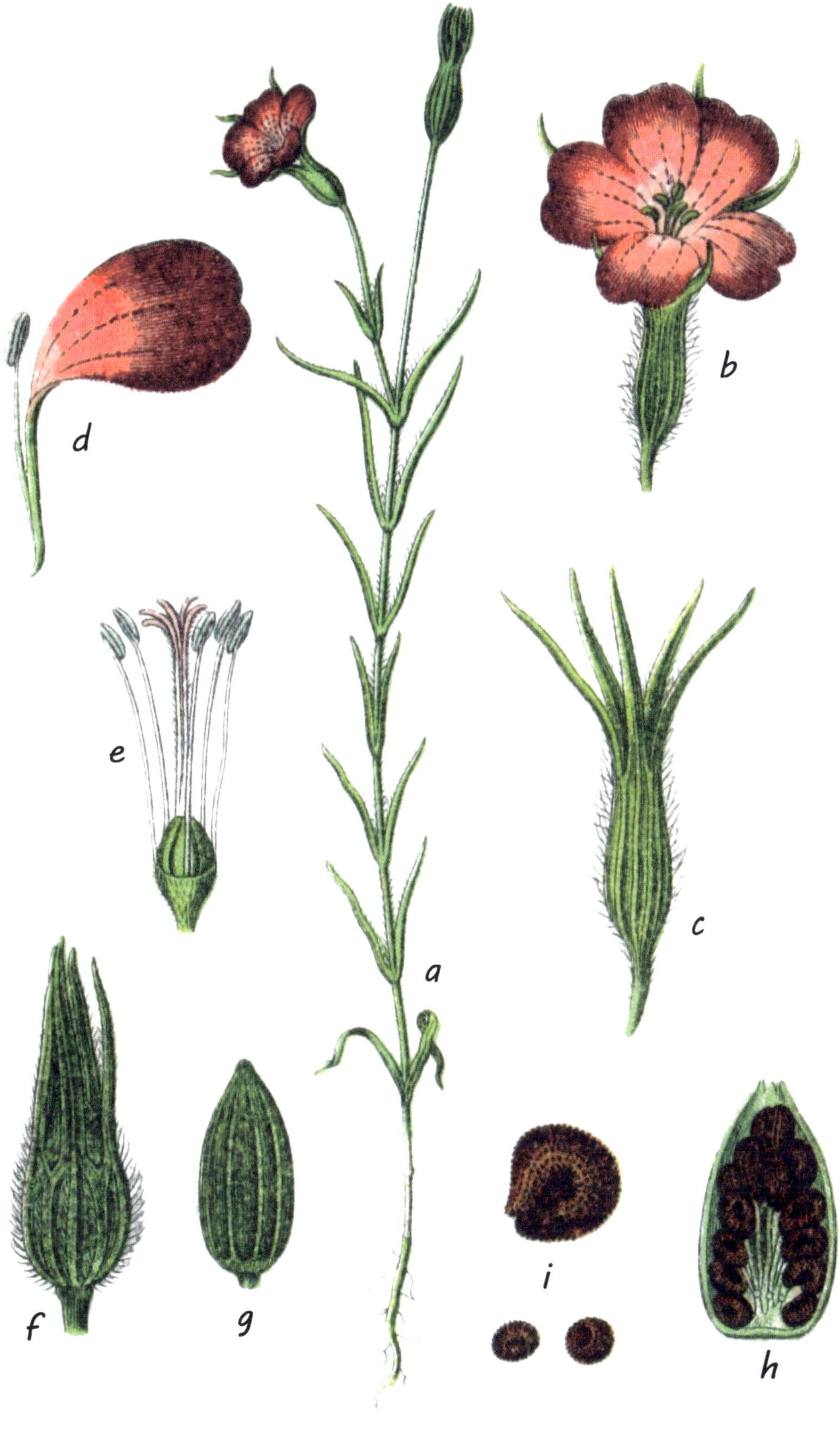
d
b
e
c
a
f
g
i
h

Weisses Liedweich
Silene alba

Band 5, Tafel 18

Deutsche Namen

Breitblättrige Lichtnelke; Breitblättrige Weiße Lichtnelke, Weiße Lichtnelke

Wissenschaftlicher Name

Silene latifolia Poir.

Synonyme

Lychnis alba, Lychnis divaricata, Lychnis macrocarpa, Lychnis vespertina, Melandrium album, Melandrium boissieri, Melandrium divaricatum, Melandrium eriocalycinum, Melandrium latifolium, Melandrium macrocarpum, Melandrium marizianum, Melandrium pratense, Silene alba, Silene pratensis

Krautige Pflanze

20 bis 120 cm hoch

Blütezeit: April bis Oktober

Säume u. Staudenfluren, Äcker o. Sonderkulturen, kurzlebige Ruderalvegetation

Von der planaren bis zur montanen Höhenstufe

Garten- o. Zierpflanze, Heil-, Arznei- o. Giftpflanze

[a] Zweig einer ♀ Pflanze, verkleinert. [b] ♂ Blüte. [c] Kelch einer ♂ Blüte. [d] Staubblätter. [e] Kronblatt und Staubblatt. [f] ♀ Blüte. [g] Kelch einer ♀ Blüte. [h] Fruchtknoten. [i] Fruchtkelch. [k] Kapsel. [l] Samen, auch vergrößert.

b
f
c
d
g
e
a
i
l
k
h

Grosse Kandel
Nuphar luteum

Band 5, Tafel 34

Deutsche Namen

Große Teichrose; Gelbe Teichrose, Mummel

Wissenschaftlicher Name

Nuphar lutea (L.) Sm.

Synonyme

Nenuphar luteum, Nuphar sericea,
Nymphaea lutea, Nymphozanthus luteus

Am Gewässergrund wurzelnde Wasserpflanze

Blütezeit: April bis September

Gewässer

Von der planaren bis zur montanen Höhenstufe

Baumaterial, Garten- o. Zierpflanze,
Heil-, Arznei- o. Giftpflanze, Nahrungsmittel

[a] Blüte. [b] Blatt, verkleinert. [c] Kelch, verkleinert. [d] Kronblätter. [e] Staubblätter. [f] Frucht. [g] Samen, auch vergrößert.

a
b
c
d
e
g
f

Trollblume
Trollius europaeus

Band 5, Tafel 36

Deutsche Namen

Europäische Trollblume; Kugelranunkel

Wissenschaftlicher Name

Trollius europaeus L.

krautige Pflanze

20 bis 120 cm hoch

Blütezeit: April bis Juli

Säume u. Staudenfluren, Gebüsche, Wälder, Extensivgrünland, Magerrasen o. Zwergstrauchheiden

An feuchten bis nassen Standorten

Von der collinen bis zur alpinen Höhenstufe

Garten- o. Zierpflanze, Heil-, Arznei- o. Giftpflanze, landschaftspflegerische u. gestalterische Nutzung

[a] Habitus, verkleinert. [b] Blüte, verkleinert. [c] innere Perigonblätter und Staubblätter. [d-f] innere Perigonblätter, auch vergrößert. [g] Staubblatt, vergrößert. [h] Fruchtknoten. [i] Frucht aus zahlreichen Teilfrüchten (Bälge). [k-l] geöffnete Bälge, vergrößert. [m-n] Samen nebst Längs- und Querschnitt, auch vergrößert.

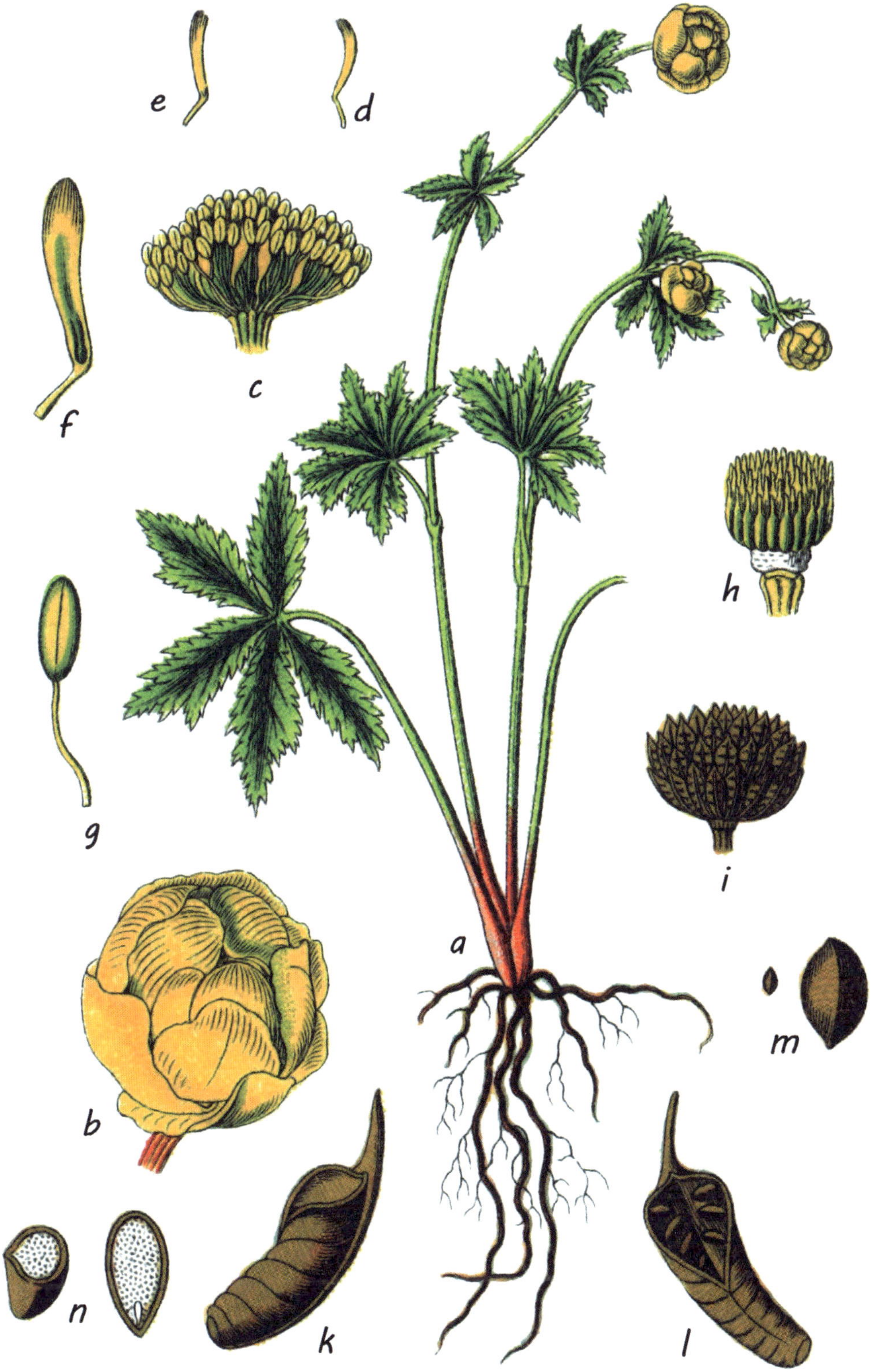
e
d
f
c
h
g
i
a
m
b
n
k
l

Rundblättrige Wasserranunkel
Ranunculus hybridus peltatus

Band 5, Tafel 56

Deutsche Namen

Schild-Wasser-Hahnenfuß; Wasserhahnenfuß

Wissenschaftlicher Name

Ranunculus peltatus Schrank

Synonyme

Batrachium dichotomum, Batrachium floribundum, Batrachium langei, Batrachium peltatum, Batrachium rhipiphyllum, Batrachium triphyllos, Ranunculus eleophilus, Ranunculus floribundus, Ranunculus kastamonuensis, Ranunculus leontinensis, Ranunculus rhipiphyllus, Ranunculus triphyllos

Am Gewässergrund wurzelnde Wasserpflanze

Blütezeit: April bis September

Gewässer

Von der planaren bis zur montanen Höhenstufe

[a] Teil eines Stängels. [b] Staubblätter und Griffel, vergrößert. [c] Kronblatt, vergrößert. [d] Fruchtknoten, vergrößert. [e] Nüsschen, vergrößert.

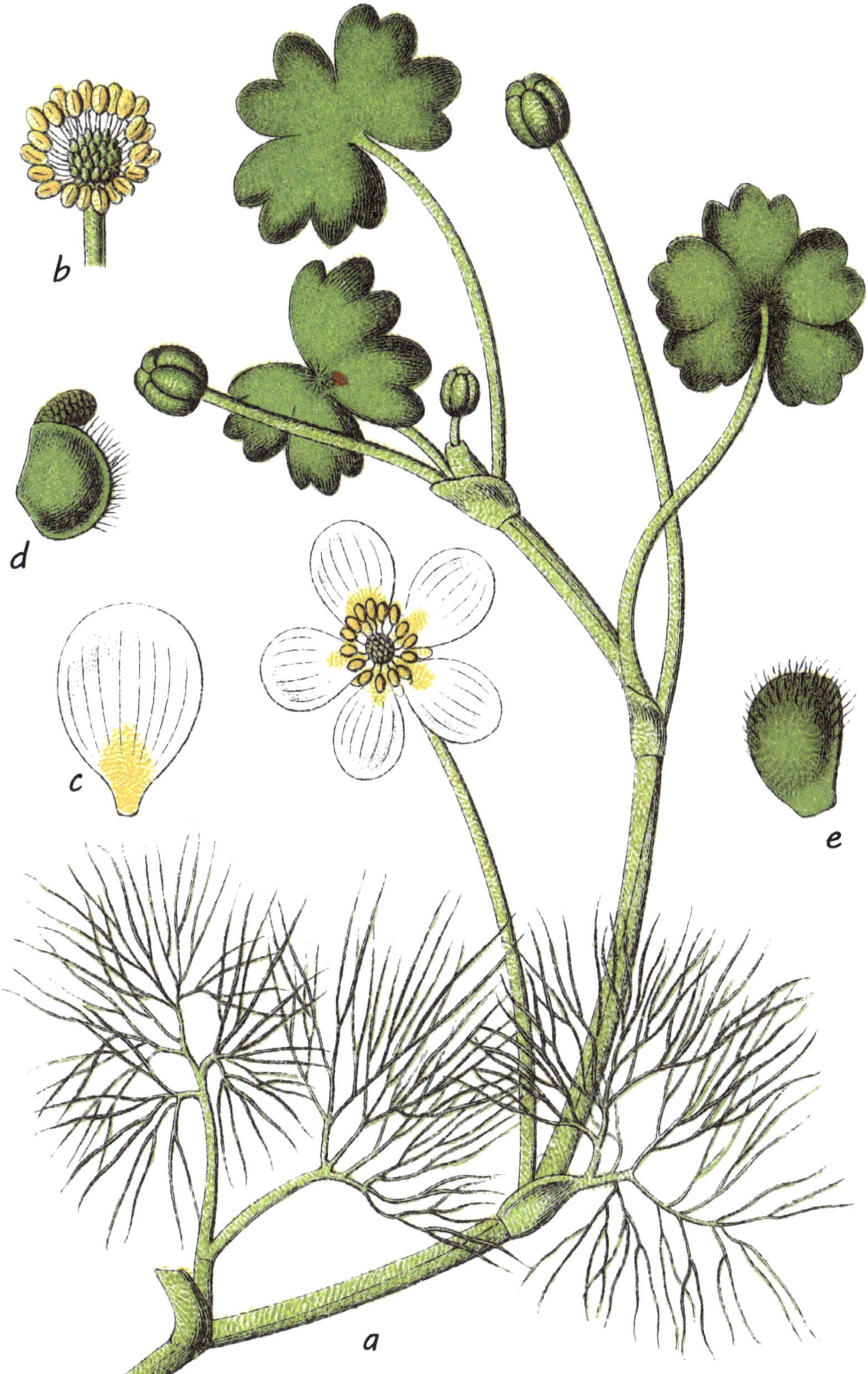
b
d
c
e
a

Feigwurz
Ranunculus ficaria

Band 5, Tafel 59

Deutsche Namen

Knöllchen-Scharbockskraut; Erdgerste, Himmelsgerste, Scharbockskraut

Wissenschaftlicher Name

Ficaria verna Huds.

Synonyme

Ficaria bulbifera, Ficaria degenii, Ficaria ranunculoides, Ficaria vulgaris, Ranunculus ficaria

Krautige Pflanze

Bis 20 cm hoch

Blütezeit: Februar bis Mai

Säume u. Staudenfluren, Gebüsche, Wälder, Grünland u. Zwergstrauchheiden

Von der planaren bis zur montanen Höhenstufe

Garten- o. Zierpflanze, Heil-, Arznei- o. Giftpflanze, landschaftspflegerische u. gestalterische Nutzung

[a] Habitus, verkleinert. [b-c] Blüten. [d] Kronblatt mit basalem Nektarium, vergrößert. [e] Staubblätter und Fruchtknoten. [f] Staubblatt, vergrößert. [g] Fruchtknoten, vergrößert. [h] Frucht aus Teilfrüchten (Nüsschen). [i] Nüsschen, vergrößert.

d
b
c
e
f
a
g
h
i

Frühes Adonisröschen
Adonis vernalis

Band 5, Tafel 62

Deutscher Name

Frühlings-Adonisröschen

Wissenschaftlicher Name

Adonis vernalis L.

Synonyme

Adonanthe vernalis, Chrysocyathus vernalis

Krautige Pflanze

10 bis 40 cm hoch

Blütezeit: Februar bis Juni

Säume u. Staudenfluren, Gebüsche, Extensivgrünland, Magerrasen o. Zwergstrauchheiden

An nährstoffarmen, basenreichen, trockenen Standorten

In der planaren u. collinen Höhenstufe

Garten- o. Zierpflanze, Heil-, Arznei- o. Giftpflanze, landschaftspflegerische u. gestalterische Nutzung

[a] Habitus, verkleinert. [b] Staubblatt, vergrößert. [c] Frucht aus zahlreichen Teilfrüchten (Nüsschen). [d] Nüsschen, auch vergrößert. [e-f] Same nebst Längsschnitt, vergrößert.

a
b
c
d
e
f

Berberitze
Berberis vulgaris

Band 5, Tafel 64

Deutsche Namen

Gewöhnliche Berberitze; Gewöhnlicher Sauerdorn

Wissenschaftlicher Name

Berberis vulgaris L.

Synonym

Berberis croatica

Strauch

Bis 3 m hoch

Blütezeit: März bis Juni

Gebüsche, Wälder

An basenreichen Standorten

Von der planaren bis zur subalpinen Höhenstufe

Baumaterial, Garten- o. Zierpflanze,
Heil-, Arznei- o. Giftpflanze, Nahrungsmittel

[a] Zweig mit 3-teiligem Dorn und Blütenstand. [b] Blüte. [c] Blüte, vergrößert. [d] Kronblatt mit reifem Staubblatt und basalen Nektarien, vergrößert. [e] leeres Staubblatt, auch vergrößert. [f] Fruchtknoten, auch vergrößert. [g] Zweig mit Früchten. [h] Beere im Längsschnitt. [i-k] Samen nebst Querschnitt, vergrößert.

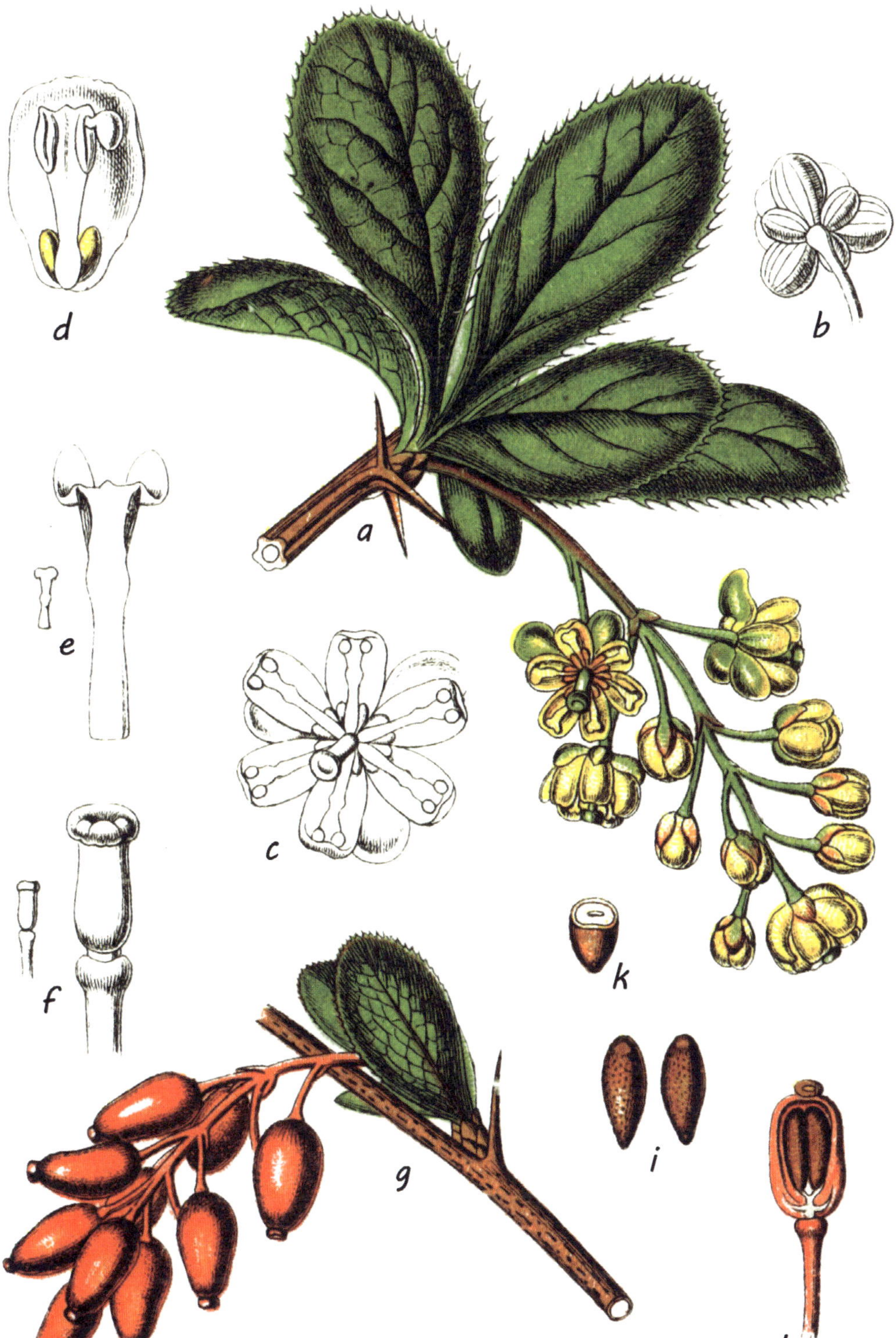
d
b
a
e
c
f
k
i
g
h

Felsen-Schildkraut
Crucifera saxatilis

Band 6, Tafel 19

Deutsche Namen

Felsensteinkraut; Felsen-Steinkresse

Wissenschaftlicher Name

Aurinia saxatilis (L.) Desv.

Synonyme

Alyssum arduinii, Alyssum bilimekii, Alyssum ephesium, Alyssum saxatile

Krautige Pflanze, seltener verholzt

15 bis 40 cm hoch

Blütezeit: Februar bis Juni

Extensivgrünland, Magerrasen o. Zwergstrauchheiden, Geröll u. Felsbiotope

An nährstoffarmen, basenreichen, trockenen Standorten

Von der planaren bis zur montanen Höhenstufe

Garten- o. Zierpflanze, landschaftspflegerische u. gestalterische Nutzung

[a] Zweig, verkleinert. [b] Blatt. [c] Blüte, auch vergrößert. [d] Kelch, vergrößert. [e] Kronblatt, vergrößert. [f] kürzeres Staubblatt, vergrößert. [g] unreifes Schötchen, auch vergrößert. [h] aufpräparierte Frucht, vergrößert. [i] Scheidewand der Frucht mit Samenstielen, vergrößert. [k] Same, auch vergrößert.

k
c
e
d
f
g
a
b
h
i

Hirtentäschel
Crucifera capsella

Band 6, Tafel 23

Deutsche Namen

Gewöhnliches Hirtentäschel; Bauernsenf, Gänsekresse, Gewöhnliches Hirtentäschelkraut, Herzelkraut, Säckelkraut, Täschelkraut

Wissenschaftlicher Name

Capsella bursa-pastoris (L.) Medik.

Synonyme

Bursa djurdjurae, Bursa fracticruris, Bursa nana, Bursa occidentalis, Bursa pastoris, Capsella apetala, Capsella batavorum, Capsella concava, Capsella heegeri, Capsella mediterranea, Capsella patagonica, Capsella ruderalis, Capsella stenocarpa, Capsella treviorum, Capsella turoniensis, Solmsiella heegeri, Thlaspi bursa-pastoris

Krautige Pflanze

bis 80 cm hoch

Blütezeit: Januar bis Dezember

Säume u. Staudenfluren, Äcker o. Sonderkulturen, kurzlebige Ruderalvegetation

Von der planaren bis zur subalpinen Höhenstufe

Garten- o. Zierpflanze, genetische Ressource,
Heil-, Arznei- o. Giftpflanze, Nahrungsmittel, Tierfutter

[a] Habitus, verkleinert. [b] Blatt. [c] Blüte, auch vergrößert. [d] geschlossene Blüte, vergrößert. [e] Kelch, vergrößert. [f] Kronblatt, vergrößert. [g] Staubblätter und Fruchtknoten, vergrößert. [h] Fruchtknoten mit basalen Nektarien, vergrößert. [i] Schötchen. [k] aufpräparierte Frucht, vergrößert. [l] Samen, auch vergrößert. [m] untypische Blüte mit vielen Staubblättern, vergrößert.

c
m
d
b
e
f
i
g
k
h
a
l

Weisser Senf
Crucifera lampsana

Band 6, Tafel 37

Deutsche Namen

Gelber Senf, Schlitzblatt-Senf

Wissenschaftlicher Name

Sinapis alba L.

Synonym

Leucosinapis alba

Krautige Pflanze

30 bis 60 cm hoch

Blütezeit: April bis Oktober

Säume u. Staudenfluren, Äcker o. Sonderkulturen, kurzlebige Ruderalvegetation

Von der planaren bis zur montanen Höhenstufe

Genetische Ressource, Heil-, Arznei- o. Giftpflanze, landschaftspflegerische u. gestalterische Nutzung, Nahrungsmittel, Tierfutter

[a] Zweig mit Blüten und jungen Früchten, verkleinert. [b] Blatt, verkleinert. [c-d] Blüten. [e] Kronblatt. [f] Blüte ohne Kronblätter, auch vergrößert. [g] Staubblätter, auch vergrößert. [h] Fruchtknoten mit basalen Nektarien. [i] Schote. [k] Haare der Schote, vergrößert. [l] reife Schote. [m] geöffnete Schote. [n] Samen, auch vergrößert.

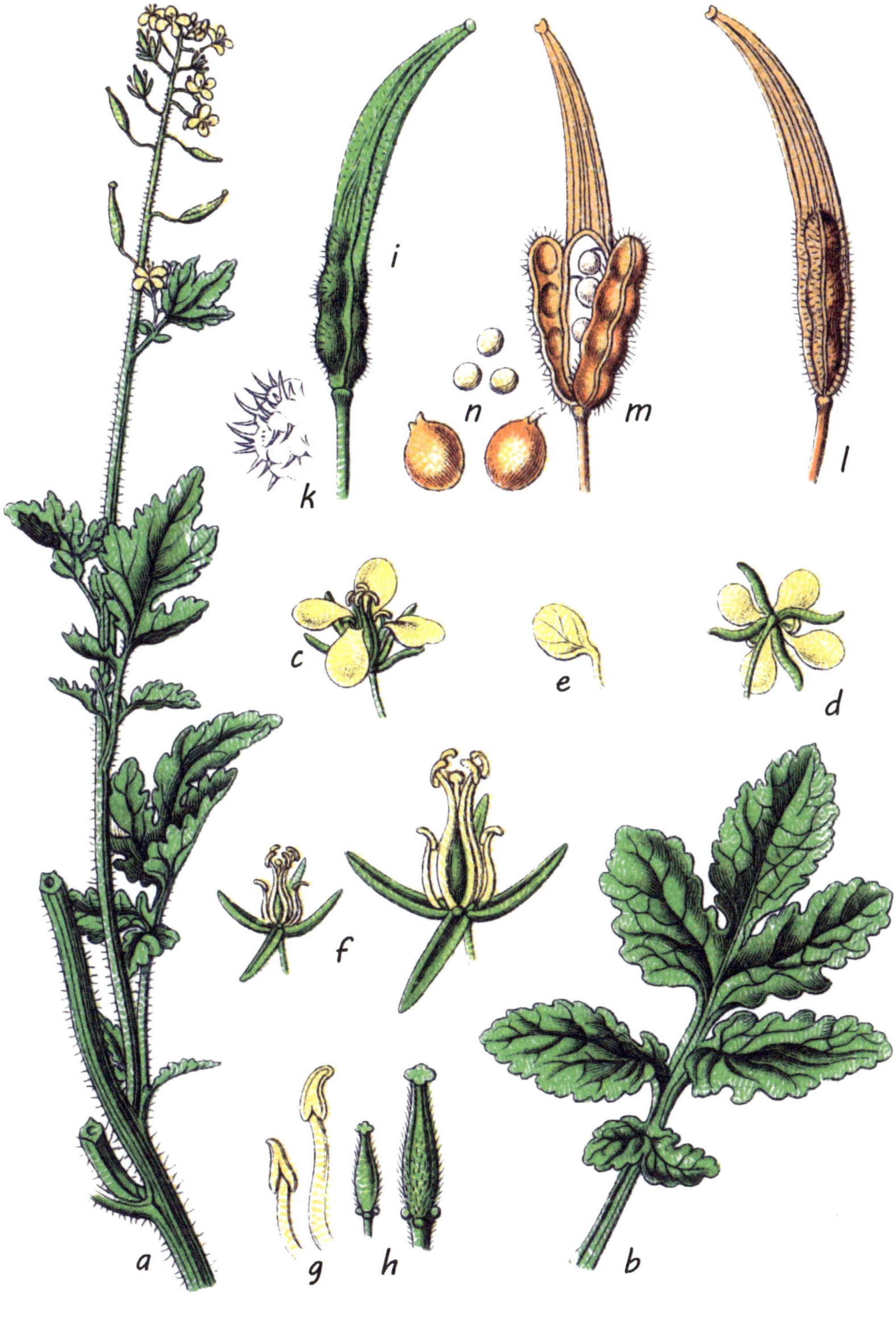
a
b
c
d
e
f
g
h
i
k
l
m
n

Grosser Lerchensporn
Fumaria solida

Band 6, Tafel 44

Deutsche Namen

Finger-Lerchensporn; Fester Lerchensporn, Gefingerter Lerchensporn

Wissenschaftlicher Name

Corydalis solida (L.) Clairv.

Synonyme

Corydalis bulbosa, Fumaria bulbosa, Fumaria halleri

Krautige Pflanze

10 bis 30 cm hoch

Blütezeit: Februar bis Juni

Säume u. Staudenfluren, Gebüsche, Wälder

Von der planaren bis zur montanen Höhenstufe

Garten- o. Zierpflanze, Heil-, Arznei- o. Giftpflanze, landschaftspflegerische u. gestalterische Nutzung

[a] Habitus, verkleinert. [b] Knolle im Längsschnitt. [c] Blüte mit Tragblatt. [d] Blüte ohne äußere Kronblätter. [e] Staubblätter, vergrößert. [f] Fruchtknoten, vergrößert. [g] Kapsel. [h] aufpräparierte Kapsel. [i] Samen mit Elaiosom, vergrößert.

g
h
i
d
c
e
a
b
f

Grosse Klatschrose
Papaver rhoeas

Band 6, Tafel 50

Deutscher Name

Klatsch-Mohn

Wissenschaftlicher Name

Papaver rhoeas L.

Synonyme

Papaver agrivagum, Papaverameristophyllum, Papaver caespitosum, Papaver caudatifolium, Papaver cruciatum, Papaver erraticum, Papaver insignitum, Papaver integrifolium, Papaver intermedium, Papaver pseudohaussknechtii, Papaver rapiferum, Papaver robertianella, Papaver rumelicum, Papaver strigosum, Papaver tenuissimum, Papaver trilobum, Papaver tumidulum

Krautige Pflanze

30 bis 100 cm hoch

Blütezeit: April bis Oktober

Äcker o. Sonderkulturen, kurzlebige Ruderalvegetation

Von der planaren bis zur montanen Höhenstufe

Garten- o. Zierpflanze, Heil-, Arznei- o. Giftpflanze, landschaftspflegerische u. gestalterische Nutzung, Nahrungsmittel

[a] Habitus, verkleinert. [b] Blütenknospe mit behaarten Klechblättern, verkleinert. [c] Kronblatt, verkleinert. [d] Staubblätter und Fruchtknoten, verkleinert. [e] Staubblatt, vergrößert. [f-g] Kapsel, verkleinert. [h] Kapsel im Querschnitt, verkleinert. [i] Samen, auch vergrößert.

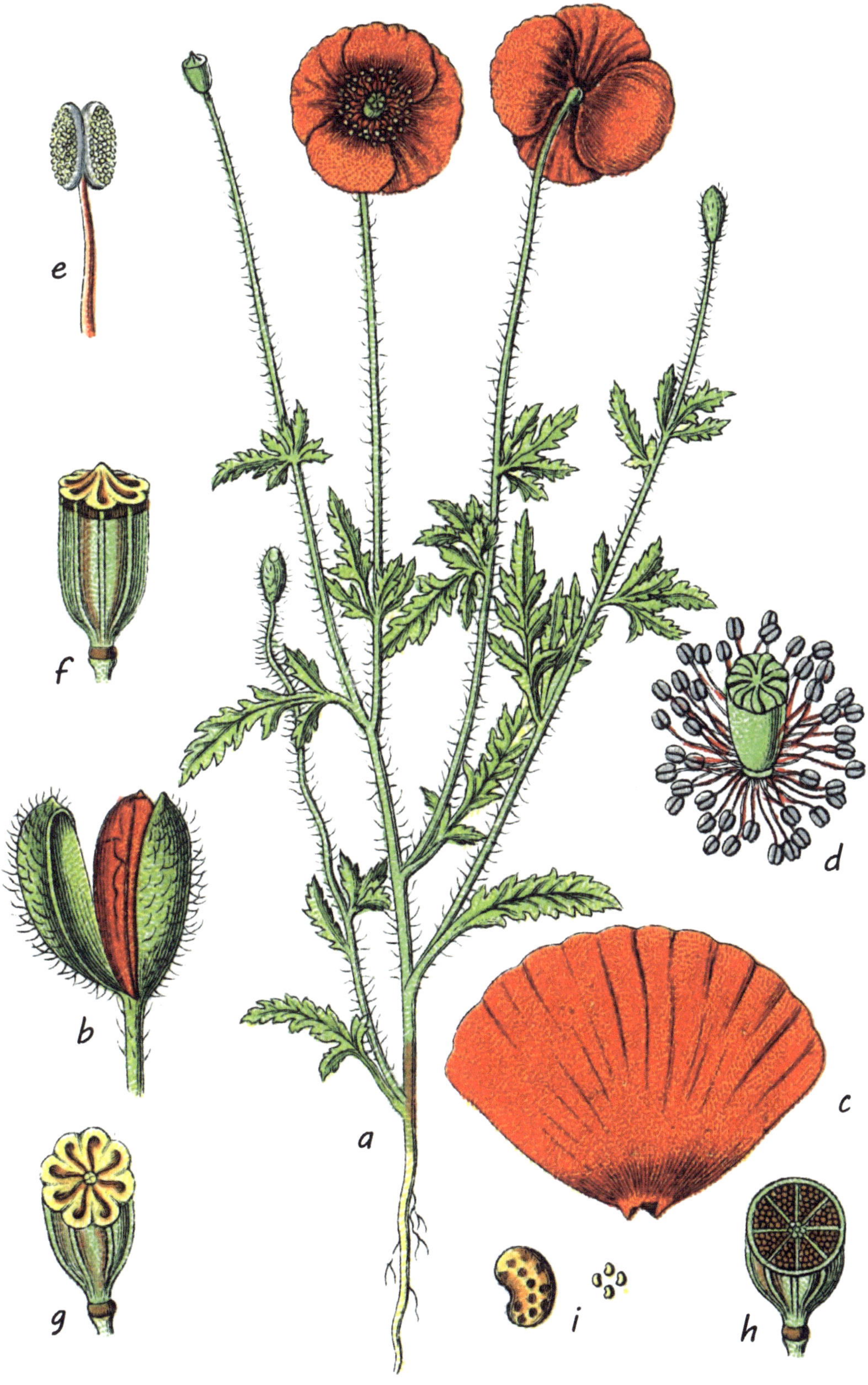
e
f
b
g
a
d
c
i
h

Ross-Malve
Malva silvestris

Band 6, Tafel 63

Deutsche Namen

Wilde Malve; Gewöhnliche Wilde Malve,
Große Käsepappel, Käsepappel, Mauretanische Malve,
Ross-Pappel, Wald-Malve

Wissenschaftlicher Name

Malva sylvestris L.

Synonyme

Malva ambigua, Malva erecta, Malva erevaniana,
Malva grossheimii, Malva hirsuta,
Malva mauritiana, Malva tomentella

Krautige Pflanze

30 bis 100 cm hoch

Blütezeit: April bis Oktober

Säume u. Staudenfluren, kurzlebige Ruderalvegetation

An nährstoffreichen Standorten

Von der planaren bis zur montanen Höhenstufe

Garten- o. Zierpflanze, Heil-, Arznei- o. Giftpflanze,
landschaftspflegerische u. gestalterische Nutzung, Nahrungsmittel

[a] Habitus, verkleinert. [b] Blüte im Längsschnitt. [c] Staubblattbündel, vergrößert. [d] Spitze eines Staubblattes, vergrößert. [e] Fruchtknoten, vergrößert. [f] Spaltfrucht und Same, vergrößert.

a
b
c
d
e
f

Dunkles Geranium
Geranium phaeum

Band 7, Tafel 1

Deutsche Namen

Grünlicher Storchschnabel; Blaßvioletter Brauner Storchschnabel, Blassvioletter Storchschnabel, Bläulicher Storchschnabel, Brauner Storchschnabel, Gewöhnlicher Brauner Storchschnabel, Violetter Storchschnabel

Wissenschaftlicher Name

Geranium phaeum L.

Synonyme

Geranium bosniacum, Geranium fuscum, Geranium hungaricum, Geranium lividum, Geranium montanum, Geranium patulum, Geranium planipetalum, Geranium subcoeruleum

Krautige Pflanze

30 bis 60 cm hoch

Blütezeit: April bis August

Säume u. Staudenfluren, Gebüsche, Grünland u. Zwergstrauchheiden

Von der planaren bis zur subalpinen Höhenstufe

Garten- o. Zierpflanze, landschaftspflegerische u. gestalterische Nutzung

[a] Zweig mit Blüten und unreifen Früchten. [b] Grundblatt, verkleinert. [c] Kelchblatt, vergrößert. [d] Kronblatt, vergrößert. [e] Teilfrucht, vergrößert. [f] Same, vergrößert.

a
b
c
d
e
f

Gewöhnliches Springkraut
Impatiens nolitangere

Band 7, Tafel 13

Deutsche Namen

Großes Springkraut; Echtes Springkraut, Rührmichnichtan, Wald-Springkraut

Wissenschaftlicher Name

Impatiens noli-tangere L.

Krautige Pflanze

30 bis 120 cm hoch

Blütezeit: April bis September

Röhrichte, Säume u. Staudenfluren, Gebüsche, Wälder

An nährstoffreichen, feuchten bis nassen Standorten

Von der planaren bis zur montanen Höhenstufe

Garten- o. Zierpflanze, Heil-, Arznei- o. Giftpflanze

[a] Habitus, verkleinert. [b] Blüte. [c] hinteres Kelchblatt mit Sporn, vergrößert. [d] vorderes Kronblatt, vergrößert. [e] seitliche Kronblätter, vergrößert. [f] seitliche Kelchblätter und Fruchtknoten, auf welchem die Staubblätter liegen, vergrößert. [g] Staubblätter mit aufgesprungenen Staubbeuteln, vergrößert. [h] Fruchtknoten, auch vergrößert. [i] Kapsel. [k] geöffnete Kapsel, auch vergrößert. [l] Samen, vergrößert. [m] Same im Querschnitt, vergrößert.

l
k
m
b
c
a
d
e
f
h
i
g

Massholder
Acer campestre

Band 7, Tafel 18

Deutscher Name

Feld-Ahorn

Wissenschaftlicher Name

Acer campestre L.

Synonyme

Acer acuminatilobum, Acer affine, Acer austriacum, Acer bedoei, Acer collinum, Acer leiocarpon, Acer microcarpon, Acer molle

Baum- oder strauchförmig

Bis 15 m hoch

Blütezeit: April bis Juni

Gebüsche, Wälder

Von der planaren bis zur montanen Höhenstufe

Baumaterial, Garten- o. Zierpflanze, Heil-, Arznei- o. Giftpflanze, landschaftspflegerische u. gestalterische Nutzung

[a] Zweig mit Blütenstand. [b] Blüte von unten, vergrößert. [c] Blüte von der Seite, vergrößert. [d] Blüte von oben, vergrößert. [e] Blüte mit sich entwickelnder Spaltfrucht, vergrößert. [f] (fast) reife Spaltfrucht.

f
b
d
e
c
a

Gemeiner Spindelbaum
Evonymus europaea

Band 7, Tafel 20

Deutsche Namen

Europäisches Pfaffenhütchen;
Gewöhnliches Pfaffenhütchen

Wissenschaftlicher Name

Euonymus europaeus L.

Synonyme

Euonymus czernjaevii, Euonymus suberosus, Euonymus vulgaris

Baum- oder strauchförmig

Bis 4 m hoch

Blütezeit: Mai bis August

Gebüsche, Wälder

An basenreichen Standorten

Von der planaren bis zur montanen Höhenstufe

Baumaterial, Garten- o. Zierpflanze, Heil-, Arznei- o. Giftpflanze, landschaftspflegerische u. gestalterische Nutzung

[a] Zweig mit Blüten, verkleinert. [b-c] Blüten, vergrößert. [d] Kelch, auch vergrößert. [e] Fruchtknoten mit ringförmigem Nektarium, vergrößert. [f] Griffel mit Narbe, vergrößert. [g] Staubblatt, vergrößert. [h] Kapsel. [i] geöffnete Kapsel. [k] Same im Mantel (Arillus).

b
c
d
a
e
d
h
f
g
k
i

Weinstock
Vitis vinifera

Band 7, Tafel 24

Deutsche Namen

Wilde Weinrebe; Echte Weinrebe, Kultur-Weinrebe, Weinrebe

Wissenschaftlicher Name

Vitis vinifera L.

Synonyme

Cissus vinifera, Vitis laciniosa, Vitis sylvestris

Mehrjährige Kletterpflanze

Bis 10 m hoch kletternd

Blütezeit: Mai bis Juli

Gebüsche, Wälder

Wildform an feuchten bis nassen, periodisch überfluteten Standorten

Von der planaren bis zur montanen Höhenstufe

Baumaterial, Brennstoff, Garten- o. Zierpflanze, genetische Ressource, Heil-, Arznei- o. Giftpflanze, Nahrungsmittel, für soziale u. rituelle Zwecke, Tierfutter

[a] Blütenstand. [b] Blütenknospe, vergrößert. [c] Blüte mit an der Spitze verwachsenen Kronblättern, vergrößert. [d] Staubblätter und Fruchtknoten mit basalen Nektarien, vergrößert. [e] Blüte im Längsschnitt, vergrößert. [f] Zweig mit Fruchtstand, verkleinert. [g] Same, vergrößert.

a
f
d
b
c
g
e

Echter Faulbaum
Rhamnus frangula

Band 7, Tafel 25

Deutsche Namen

Faulbaum, Gewöhnlicher Faulbaum

Wissenschaftlicher Name

Frangula alnus Mill.

Synonyme

Frangula nigra, Frangula vulgaris, Rhamnus frangula

Baum- oder strauchförmig

Bis 4 m hoch

Blütezeit: April bis Juni

Gebüsche, Wälder, Moore, Seggenriede

An wechselfeuchten bis nassen Standorten

Von der planaren bis zur montanen Höhenstufe

Baumaterial, Brennstoff,
Garten- o. Zierpflanze, Heil-, Arznei- o. Giftpflanze,
landschaftspflegerische u. gestalterische Nutzung

[a] Zweig mit Blütenknospen, verkleinert. [b] aufpräparierte Blüte, vergrößert. [c] Blüte, auch vergrößert. [d] 2 Kelchblätter, Kronblatt und Staubblatt, vergrößert. [e] Staubblatt und Kronblatt von der Seite, auch vergrößert. [f] Kronblatt, auch vergrößert. [g] Fruchtknoten, vergrößert. [h-i] 2- und 3-fächeriger Fruchtknoten, schematisiert, vergrößert. [k] Fruchtstand. [l] Samen. [m] Same im Querschnitt.

c
e
d
f
b
g
h
i
k
a
l
m

Springwolfsmilch
Euphorbia lathyris

Band 7, Tafel 33

Deutsche Namen

Spring-Wolfsmilch;
Kreuzblättrige Wolfsmilch, Maulwurfskraut

Wissenschaftlicher Name

Euphorbia lathyris L.

Synonyme

Epurga lathyris, Euphorbia decussata, Euphorbia spongiosa, Euphorbion lathyrum, Galarhoeus decussatus, Galarhoeus lathyris, Keraselma lathyris, Tithymalus cataputia, Tithymalus lathyris

Krautige Pflanze

20 bis 100 cm hoch

Blütezeit: April bis August

Kurzlebige Ruderalvegetation

Von der planaren bis zur montanen Höhenstufe

Garten- o. Zierpflanze, Heil-, Arznei- o. Giftpflanze

[a] Habitus, verkleinert. [b] Blütenstand (Cyathium), vergrößert. [c] Kapsel, vergrößert. [d] Samen, auch vergrößert. [e] Teil der Fruchtschale, vergrößert.

e
c
d
b
a

Gemeiner Kellerhals
Daphne mezereum

Band 7, Tafel 40

Deutsche Namen

Gewöhnlicher Seidelbast; Bergpfeffer, Deutscher Pfeffer, Kellerhals, Purgierstrauch, Warzenbast, Zeiland

Wissenschaftlicher Name

Daphne mezereum L.

Strauch

40 bis 120 cm hoch

Blütezeit: Januar bis August

Gebüsche, Wälder

An basenreichen Standorten

Von der collinen bis zur subalpinen Höhenstufe

Garten- o. Zierpflanze, Heil-, Arznei- o. Giftpflanze, landschaftspflegerische u. gestalterische Nutzung

[a] Zweig mit Blüten, verkleinert. [b] aufpräparierte Blüte, vergrößert. [c] Zweig mit Früchten, verkleinert. [d] Steinfrucht. [e] aufpräparierte Frucht. [f] Steinkern.

a
b
c
d
e
f

Sanddorn
Hippophaë rhamnoides

Band 7, Tafel 41

Deutsche Namen

Gewöhnlicher Sanddorn; Fluss-Sanddorn, Gebirgs-Sanddorn, Karpaten-Sanddorn, Küsten-Sanddorn

Wissenschaftlicher Name

Hippophaë rhamnoides L.

Synonym

Elaeagnus rhamnoides

Meist strauchförmig

Bis 10 m hoch

Blütezeit: März bis Juni

Gebüsche, Wälder, Dünen

An basenreichen Standorten

Von der planaren bis zur montanen Höhenstufe

Baumaterial, Garten- o. Zierpflanze, Heil-, Arznei- o. Giftpflanze, landschaftspflegerische u. gestalterische Nutzung, Nahrungsmittel

[a] Zweig mit Blättern, verkleinert. [b-c] Zweig mit austreibenden Blättern. [d] ♂ Blüte, vergrößert. [e] ♀ Blüte, vergrößert. [f] unreife Steinfrucht. [g] Zweig mit Früchten. [h] Samen nebst Querschnitt.

a
b
c
d
e
f
g
h

Stachelbeere
Ribes grossularia (sativum)

Band 7, Tafel 47

Deutsche Namen

Drüsenborstige Stachelbeere, Kurzhaarige Stachelbeere, Zurückgebogene Stachelbeere

Wissenschaftlicher Name

Ribes uva-crispa L.

Synonyme

Grossularia reclinata, Ribes grossularia, Ribes reclinatum

Strauch

60 bis 120 cm hoch

Blütezeit: Februar bis Mai

Gebüsche, Wälder

Von der planaren bis zur montanen Höhenstufe

Baumaterial, Garten- o. Zierpflanze, genetische Ressource, Heil-, Arznei- o. Giftpflanze, Nahrungsmittel

[a] Zweig mit Blüten und 2-3-teiligen Stacheln. [b] Blüte. [c] aufpräparierte Blüte, vergrößert. [d] Griffel, auch vergrößert. [e] unreife Beere. [f] reife Beere im Längsschnitt. [g-h] Samen mit Stiel (Funiculus), auch vergrößert.

b
d
c
e
a
f
g
h

Hauslauch-Steinbrech
Saxifraga aizoon

Band 7, Tafel 52

Deutsche Namen

Trauben-Steinbrech; Rispen-Steinbrech

Wissenschaftlicher Name

Saxifraga paniculata Mill.

Synonyme

Saxifraga aizoon, Saxifraga cartilaginea

Krautige Pflanze

15 bis 30 cm hoch

Blütezeit: April bis August

Extensivgrünland, Magerrasen o. Zwergstrauchheiden, Geröll u. Felsbiotope

An nährstoffarmen, basenreichen, trockenen Standorten

Von der montanen bis zur alpinen Höhenstufe

Zier- o. Nutzpflanze

[a-b] Habitus, verkleinert. [c-d] Blätter. [e] Blüte.

e
d
c
a
b

Studentenröschen
Parnassia palustris

Band 7, Tafel 64

Deutscher Name

Sumpf-Herzblatt

Wissenschaftlicher Name

Parnassia palustris L.

Synonyme

Parnassia obtusiflora

Krautige Pflanze

10 bis 25 cm hoch

Blütezeit: April bis Oktober

Moore, Seggenriede, Extensivgrünland, Magerrasen o. Zwergstrauchheiden

An nährstoffarmen, basenreichen, wechselfeuchten bis nassen Standorten

Von der planaren bis zur alpinen Höhenstufe

Garten- o. Zierpflanze, Heil-, Arznei- o. Giftpflanze

[a] Habitus, verkleinert. [b] Blüte. [c] Kelch. [d] Kronblatt. [e] Nektarium, auch vergrößert. [f] Staubblatt, auch vergrößert. [g] Fruchtknoten, auch vergrößert. [h] Kapsel. [i] geöffnete Kapsel. [k-l] Frucht im Längs- und Querschnitt, vergrößert. [m] Samen, auch vergrößert. [n] Same im Querschnitt, vergrößert. [o] Same ohne Flügelrand, vergrößert. [p] Same ohne Flügelrand im Querschnitt, vergrößert. [q] Keimling, vergrößert.

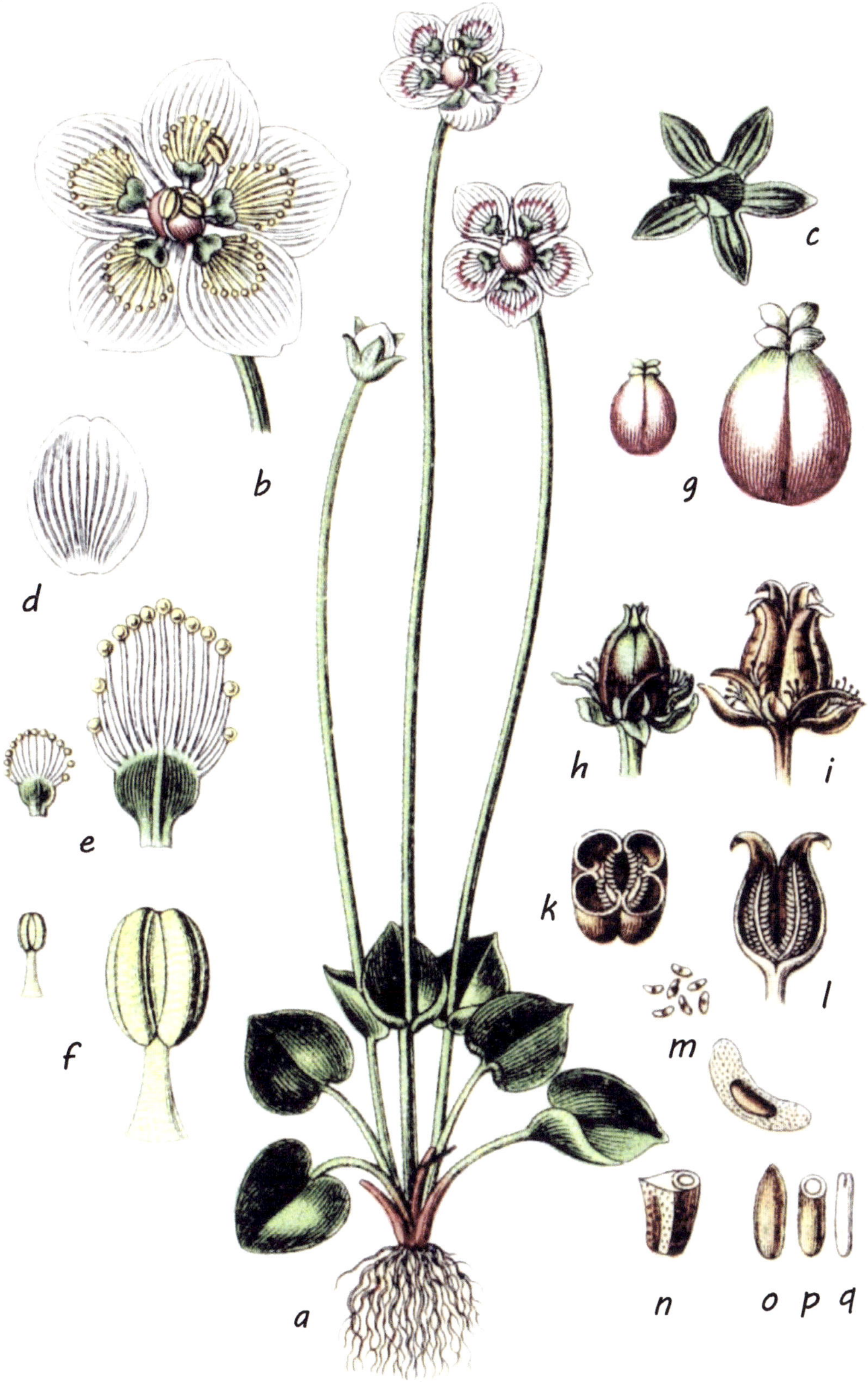
a
b
c
d
e
f
g
h
i
k
l
m
n
o
p
q

Speierling
Pirus sorbus

Band 8, Tafel 8

Deutscher Name

Sperberbaum

Wissenschaftlicher Name

Sorbus domestica L.

Synonyme

Cormus domestica, Crataegus austera, Malus sorbus, Mespilus domestica, Prunus sorbus, Pyrenia sorbus, Pyrus domestica, Pyrus sorbus, Sorbus syrmiensis

Bis 30 m hoher Laubbaum

Blütezeit: Mai bis Juli

Wälder

An basenreichen Standorten

In der planaren u. collinen Höhenstufe

Baumaterial, Heil-, Arznei- o. Giftpflanze, landschaftspflegerische u. gestalterische Nutzung, Nahrungsmittel

[a] Zweig mit Blütenstand, verkleinert. [b] Blüte. [c] Zweig mit apfelartigen Scheinfrüchten, verkleinert. [d] apfelartige Scheinfrucht. [e] apfelartige Scheinfrucht im Querschnitt. [f] Wand des Kerngehäuses (Fruchtwand). [g] Same.

c
b
a
d
e
f
g

Himbeere
Rubus idaeus

Band 8, Tafel 14

Wissenschaftlicher Name

Rubus idaeus L.

Synonyme

Batidaea idaea, Rubus fragrans, Rubus frambaesianus

Halbstrauch

60 bis 180 cm hoch

Blütezeit: April bis August

Säume u. Staudenfluren, Gebüsche, Wälder, Extensivgrünland, Magerrasen o. Zwergstrauchheiden

Von der planaren bis zur subalpinen Höhenstufe

Garten- o. Zierpflanze, genetische Ressource, Heil-, Arznei- o. Giftpflanze, Nahrungsmittel

[a] Zweig mit Blüten. [b] Zweig mit Früchten. [c] Sammelsteinfrucht im Längsschnitt.

a
b
c

Wald-Erdbeere
Potentilla vesca

Band 8, Tafel 21

Wissenschaftlicher Name

Fragaria vesca L.

Synonyme

Dactylophyllum fragaria, Fragaria abnormis, Fragaria aliena, Fragaria alpina, Fragaria botryformis, Fragaria bractetata, Fragaria eflagellis, Fragaria florentina, Fragaria helleri, Fragaria hortensis, Fragaria succulenta, Fragaria minor, Fragaria monophylla, Fragaria multiplex, Fragaria muricata, Fragaria nemoralis, Fragaria nuda, Fragaria portentosa, Fragaria roseiflora, Fragaria semperflorens, Fragaria sylvestris, Fragaria unifolia, Fragaria vulgaris, Potentilla vesca

Krautige Pflanze

Bis 20 cm hoch

Blütezeit: Februar bis Juli

Säume u. Staudenfluren, Gebüsche, Wälder

Von der planaren bis zur montanen Höhenstufe

Garten- o. Zierpflanze, genetische Ressource, Heil-, Arznei- o. Giftpflanze, landschaftspflegerische u. gestalterische Nutzung, Nahrungsmittel

[a] Habitus, verkleinert. [b-c] Blüten. [d] Blüte ohne Kronblätter, vergrößert. [e] Staubblatt, auch vergrößert. [f] Sammelnussfrucht. [g] Nüsschen, auch vergrößert.

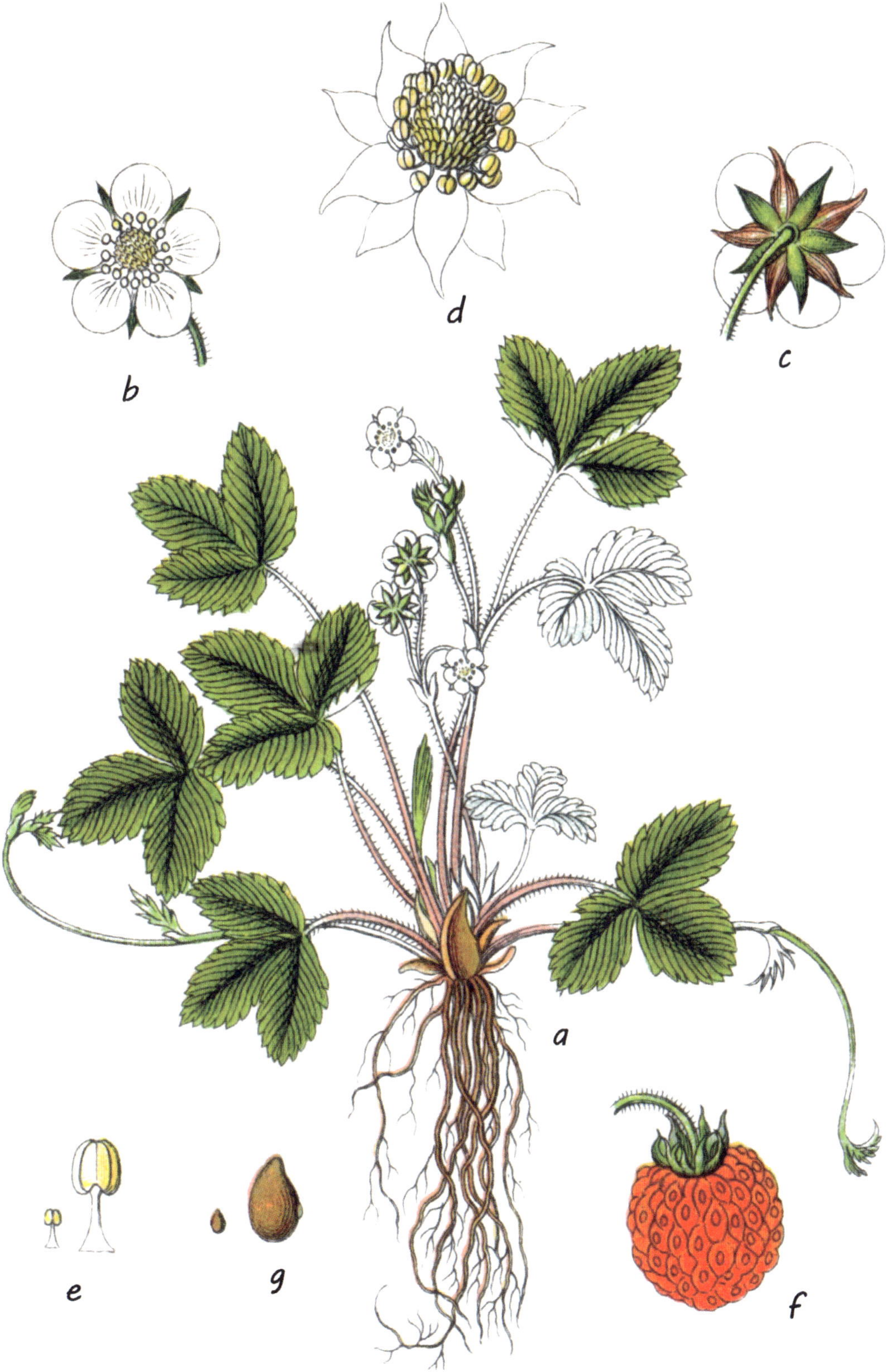

d
b
c
a
e
g
f

Dryade
Geum octopetalum

Band 8, Tafel 43

Deutsche Namen

Weiße Silberwurz; Silberwurz

Wissenschaftlicher Name

Dryas octopetala L.

Synonyme

Dryadea octopetala, Dryas alpina, Dryas babingtoniana, Dryas caucasica, Dryas chamaedryfolia, Dryas depressa, Dryas eriopoda, Dryas lanata, Dryas lepida, Dryas montana, Dryas pentaphyllea, Dryas punctata, Dryas subincisa, Dryas vagans, Geum chamedryfolium, Geum octopetalum, Ptilotum octopetalum

Niederliegender Zwergstrauch

Bis 25 cm hoch

Blütezeit: April bis August

Extensivgrünland, Magerrasen o. Zwergstrauchheiden, Geröll u. Felsbiotope

An basenreichen Standorten

Von der montanen bis zur alpinen Höhenstufe

Garten- o. Zierpflanze, Heil-, Arznei- o. Giftpflanze, landschaftspflegerische u. gestalterische Nutzung

[a] Zweig mit Blüte. [b] Kelch. [c] Blüte ohne Kronblätter. [d] Frucht aus zahlreichen Teilfrüchten (Nüsschen), verkleinert. [e] Nüsschen mit verlängertem Griffel. [f] Nüsschen im Längs- und Querschnitt, vergrößert.

b
c
d
e
a
f

Haarige Hundsrose
Rosa hybrida dumetorum

Band 8, Tafel 51

Deutsche Namen

Hecken-Rose; Busch-Rose, Déséglise-Rose, Flaum-Rose, Gewöhnliche Hecken-Rose, Stumpfblättrige Rose, Tannen-Rose

Wissenschaftlicher Name

Rosa corymbifera Borkh.

Synonyme

Crepinia corymbifera, Crepinia obtusifolia, Crepinia platyphylla, Rosa acanthina, Rosa affinita, Rosa amblyphylla, Rosa annoniana, Rosa borysthenica, Rosa brilonensis, Rosa burnatii, Rosa ciesielskii, Rosa cineracens, Rosa cinerosa, Rosa deseglisei, Rosa dumetorum, Rosa erythrantha, Rosa eulanceolata, Rosa forsteri, Rosa frutetorum, Rosa gabrielis, Rosa globata, Rosa hemitricha, Rosa hillebrandtii, Rosa hirta, Rosa hispidula, Rosa imitata, Rosa incerta, Rosa jactata, Rosa kalmiussica, Rosa kosopoljanskii, Rosa lanceolata, Rosa lapidosa, Rosa obscura, Rosa obtusifolia, Rosa opaca, Rosa platyphylla, Rosa pyriformis, Rosa rammiorum, Rosa richteri, Rosa rivularis, Rosa schmalhauseniana, Rosa semiglabra, Rosa solstitialis, Rosa sphaerocarpa, Rosa spinetorum, Rosa taurica, Rosa tesquicola, Rosa tortuosa, Rosa trichoidea, Rosa uncinella, Rosa uncinelloides, Rosa urbica, Rosa vaulxiana, Rosa wittmannii

Strauch

100 bis 300 cm hoch

Blütezeit: April bis Juni

Gebüsche, Wälder, Extensivgrünland, Magerrasen o. Zwergstrauchheiden

An trockenen Standorten

Von der planaren bis zur montanen Höhenstufe

Heil-, Arznei- o. Giftpflanze

[a] Zweig mit Blüten, verkleinert. [b] Stacheln. [c] Blüte ohne Kronblätter. [d] Staubblatt, vergrößert. [e] Blüte mit krugförmiger Blütenachse und zahlreichen Fruchtknoten im Längsschnitt, vergrößert. [f] Fruchtknoten, vergrößert. [g] reife Sammelnussfrucht (Hagebutte). [h] Hagebutte im Längsschnitt. [i] Nüsschen.

e
c
g
f
d
i
h
a
b

Alpen-Sinau
Alchemilla alpina

Band 8, Tafel 56

Deutsche Namen

Alpen-Frauenmantel;
Alpen-Silbermantel

Wissenschaftlicher Name

Alchemilla alpina L.

Synonym

Alchemilla viridicans

Krautige Pflanze, seltener verholzt

Bis 25 cm hoch

Blütezeit: April bis Oktober

Extensivgrünland, Magerrasen o. Zwergstrauchheiden, Geröll u. Felsbiotope

An nährstoffarmen, sauren Standorten

In der alpinen Höhenstufe

Heil-, Arznei- o. Giftpflanze

[a] Habitus, verkleinert. [b] Zweig mit (Teil-) Blütenstand. [c] Blüte, vergrößert. [d] Nuss mit krugförmigem Blütenboden und Kelch im Längsschnitt, vergrößert. [e] Nuss, auch vergrößert.

a
b
c
d
e

Wiesenknopf
Sanguisorba officinalis

Band 8, Tafel 58

Deutscher Name

Großer Wiesenknopf

Wissenschaftlicher Name

Sanguisorba officinalis L.

Synonyme

Pimpinella officinalis, Poterium boreale, Poterium officinale, Sanguisorba altissima, Sanguisorba andersonii, Sanguisorba auriculata, Sanguisorba bracteosa, Sanguisorba carnea, Sanguisorba cordifolia, Sanguisorba cylindrica, Sanguisorba formosana, Sanguisorba glandulosa, Sanguisorba hispanica, Sanguisorba komaroviana, Sanguisorba longifolia, Sanguisorba major, Sanguisorba media, Sanguisorba menziesii, Sanguisorba microcephala, Sanguisorba montana, Sanguisorba nudicaulis, Sanguisorba polygama, Sanguisorba praecox, Sanguisorba rectispica, Sanguisorba rubra, Sanguisorba sabauda, Sanguisorba serotina, Sanguisorba serpentina, Sanguisorba taurica

Krautige Pflanze

30 bis 150 cm hoch

Blütezeit: April bis Oktober

Säume u. Staudenfluren, Gebüsche, Grünland u. Zwergstrauchheiden

An wechselfeuchten bis nassen Standorten

Von der planaren bis zur subalpinen Höhenstufe

Garten- o. Zierpflanze, Heil-, Arznei- o. Giftpflanze, landschaftspflegerische u. gestalterische Nutzung, Nahrungsmittel

[a-b] Habitus, verkleinert. [c] Blüte, vergrößert. [d] Nuss im Querschnitt, vergrößert.

a
b
c
d

Pfirsich
Prunus dubia persica

Band 8, Tafel 64

Deutscher Name

Kultur-Pfirsich

Wissenschaftlicher Name

Prunus persica (L.) Batsch

Synonyme

Amygdalus persica, Persica laevis, Persica nucipersica, Persica vulgaris, Prunus daemonifuga

Meist baumförmig

Bis 10 m hoch

Blütezeit: März bis Mai

Gebüsche, Wälder

In der planaren u. collinen Höhenstufe

Baumaterial, Brennstoff, Garten- o. Zierpflanze, genetische Ressource, Heil-, Arznei- o. Giftpflanze, landschaftspflegerische u. gestalterische Nutzung, Nahrungsmittel, Tierfutter

[a] Zweig mit Blüten, verkleinert. [b] Zweig mit Früchten, verkleinert. [c] Steinfrucht im Querschnitt, verkleinert. [d] Steinkerne, verkleinert.

b
c
a
d

Viersamige Linse
Vicia tetrasperma

Band 9, Tafel 10

Deutscher Name

Viersamige Wicke

Wissenschaftlicher Name

Vicia tetrasperma (L.) Schreb.

Synonyme

Ervum tenuissimum, Ervum tetraspermum, Vicia gemella

Krautige Pflanze

15 bis 60 cm hoch

Blütezeit: April bis Juli

Grünland u. Zwergstrauchheiden,
Äcker o. Sonderkulturen, kurzlebige Ruderalvegetation

An sauren Standorten

Von der planaren bis zur montanen Höhenstufe

Tierfutter

[a] Stängelspitze, verkleinert. [b-c] Zweigstück mit unterem Teil eines Fiederblattes, Nebenblättern und Früchten, auch vergrößert. [d] Blüte, auch vergrößert. [e] Fahne, vergrößert. [f] Flügel, vergrößert. [g] Schiffchen, vergrößert. [h] Staubblattröhre mit junger Hülse, vergrößert. [i] Kelch, vergrößert. [k] reife Hülse. [l] Samen, auch vergrößert.

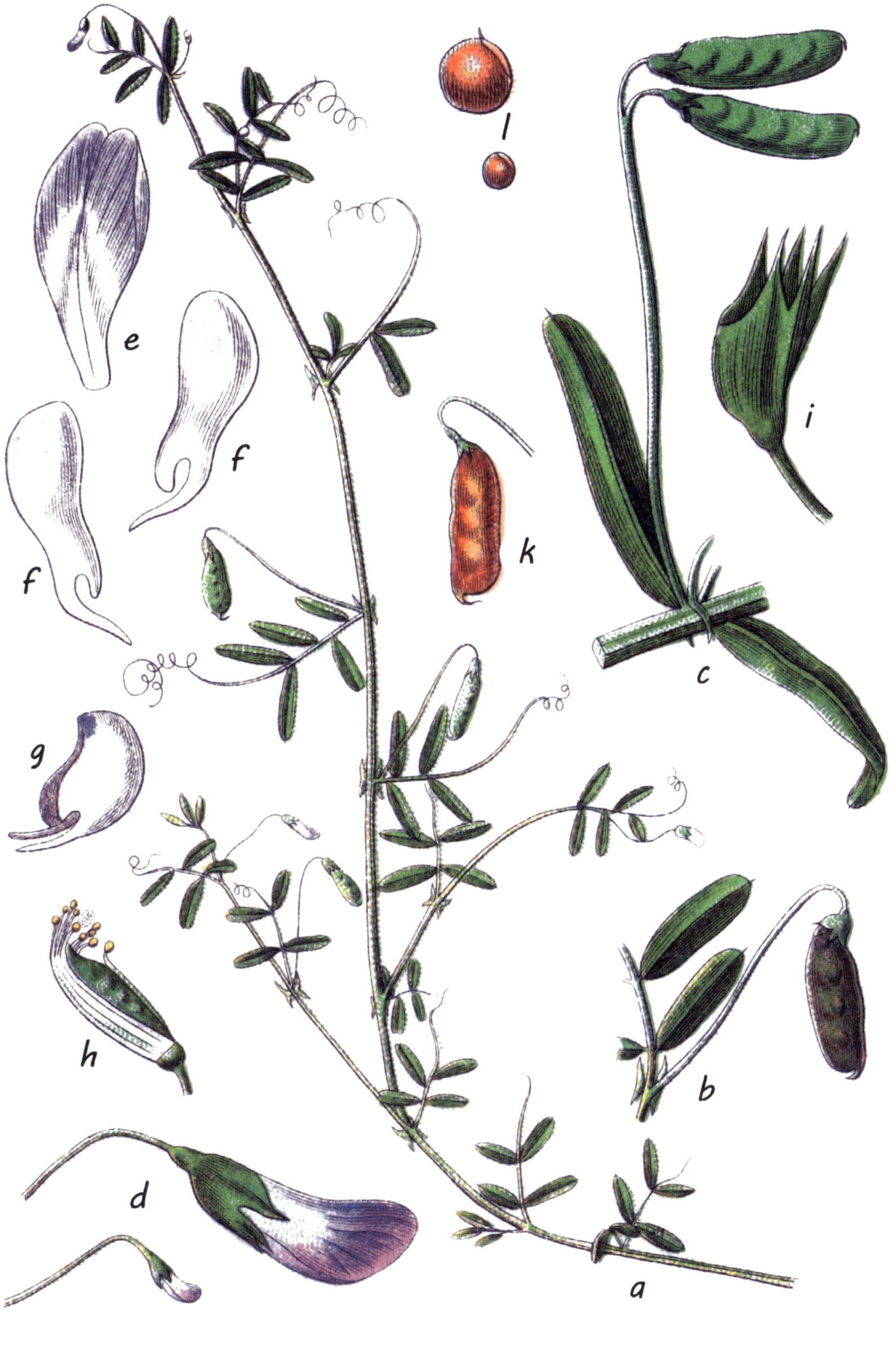
e
f
f
g
h
d
l
k
i
c
b
a

Rotklee
Trifolium pratense

Band 9, Tafel 35

Deutsche Namen

Rot-Klee; Alpen-Rot-Klee, Wiesen-Klee

Wissenschaftlicher Name

Trifolium pratense L.

Synonyme

Trifolium borysthenicum, Trifolium bracteatum, Trifolium lenkoranicum, Trifolium ukrainicum

Krautige Pflanze

Bis 80 cm hoch

Blütezeit: April bis Oktober

Säume u. Staudenfluren, Grünland u. Zwergstrauchheiden, kurzlebige Ruderalvegetation

Von der planaren bis zur alpinen Höhenstufe

Garten- o. Zierpflanze, genetische Ressource, Heil-, Arznei- o. Giftpflanze, landschaftspflegerische u. gestalterische Nutzung, Nahrungsmittel, Tierfutter

[a] Habitus, verkleinert. [b] Blatt mit Nebenblättern. [c] Blüte. [d] Kelch, auch vergrößert. [e] Krone und Staubfadenröhre unten aufgeschnitten, vergrößert. [f] Fruchtknoten mit Griffel, auch vergrößert. [g] Fruchtkelch, auch vergrößert. [h] aufpräparierter Fruchtkelch, vergrößert. [i] Samen, auch vergrößert. [k] Same im Querschnitt, vergrößert.

c
d
e
f
f
g
i
h
k
a
b

Heidelbeere
Vaccinium myrtillus

Band 9, Tafel 55

Deutsche Namen

Bickbeere, Blaubeere

Wissenschaftlicher Name

Vaccinium myrtillus L.

Zwergstrauch

15 bis 50 cm hoch

Blütezeit: Februar bis August

Säume u. Staudenfluren, Gebüsche, Wälder, Moore, Seggenriede, Extensivgrünland, Magerrasen o. Zwergstrauchheiden

An nährstoffarmen, sauren Standorten

Von der planaren bis zur alpinen Höhenstufe

Baumaterial, Garten- o. Zierpflanze, genetische Ressource, Heil-, Arznei- o. Giftpflanze, Nahrungsmittel, Tierfutter

[a] Zweig mit Blüten. [b] Blüte im Längsschnitt, vergrößert. [c] unreife Beere, vergrößert. [d] Staubbeutel, vergrößert. [e] Zweig mit Früchten, verkleinert. [f] Beere. [g] Beere im Längsschnitt. [h] Samen, vergrößert.

g
f
h
d
e
c
a
b

Liguster
Ligustrum vulgare

Band 10, Tafel 1

Deutsche Namen

Gewöhnlicher Liguster; Rainweide

Wissenschaftlicher Name

Ligustrum vulgare L.

Synonyme

Ligustrum album, Ligustrum angustifolium, Ligustrum brachystachyum, Ligustrum decipiens, Ligustrum insulare, Ligustrum insulense, Ligustrum italicum, Ligustrum lodense, Ligustrum oviforme, Ligustrum sempervirens, Ligustrum vicinum, Olea humilis

Strauch

Bis 6 m hoch

Blütezeit: April bis August

Gebüsche, Wälder

An basenreichen Standorten

Von der planaren bis zur subalpinen Höhenstufe

Baumaterial, Garten- o. Zierpflanze, Heil-, Arznei- o. Giftpflanze, landschaftspflegerische u. gestalterische Nutzung

[a] Zweig mit Blütenstand, verkleinert. [b] Teil eines Blütenstandes. [c] Kelch, vergrößert. [d] aufpräparierte Krone mit Staubblättern, vergrößert. [e] Staubblätter, vergrößert. [f] Fruchtknoten mit Narbe und Griffeln, vergrößert. [g] Teil eines Fruchtstandes mit 2 Beeren. [h] Beere im Querschnitt. [i] Samen, vergrößert.

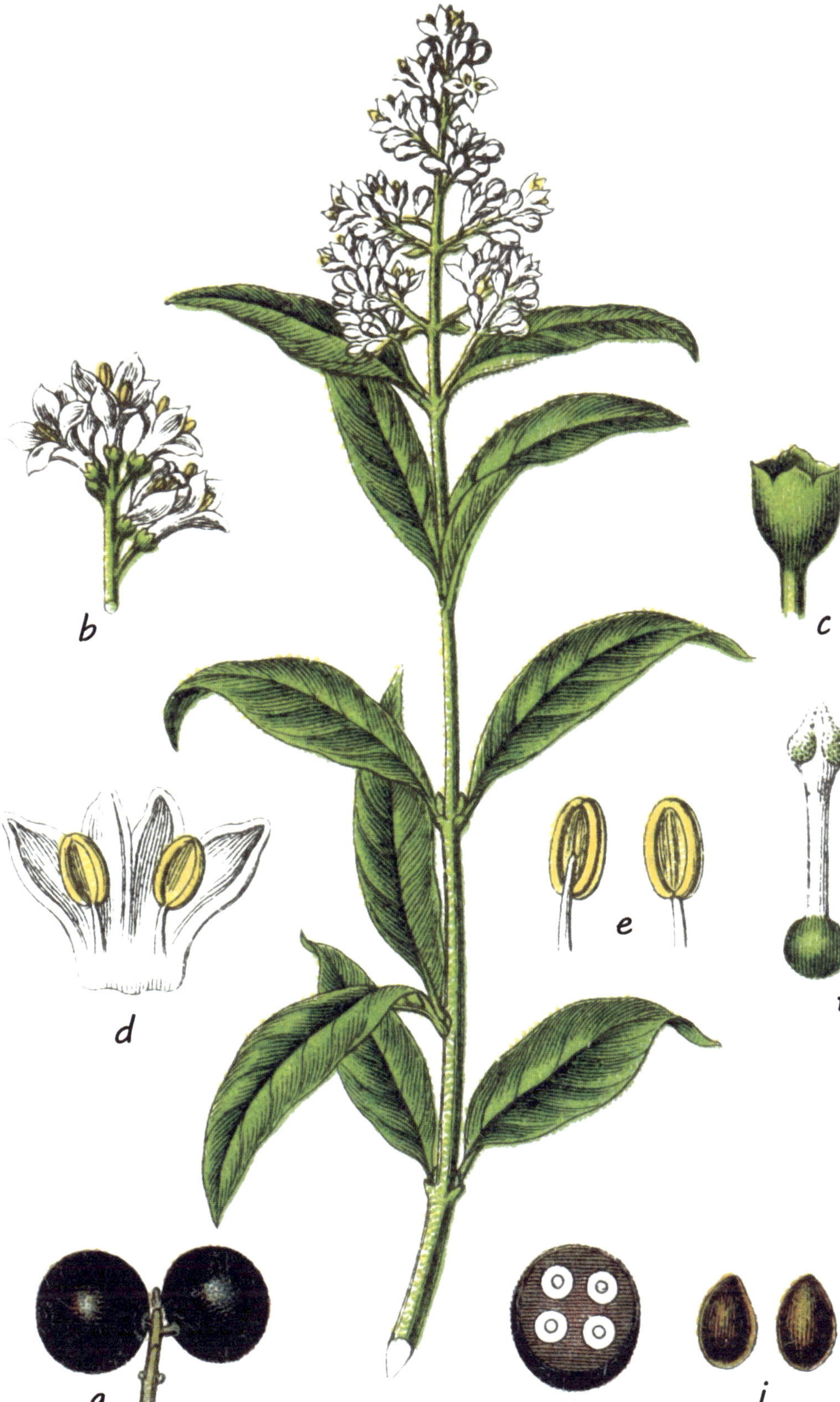
b
c
d
e
f
g
a
h
i

Gemeine Esche
Fraxinus excelsior

Band 10, Tafel 3

Deutsche Namen

Gewöhnliche Esche; Edel-Esche

Wissenschaftlicher Name

Fraxinus excelsior L.

Bis 40 m hoher Laubbaum

Blütezeit: März bis Mai

Gebüsche, Wälder

Von der planaren bis zur montanen Höhenstufe

Baumaterial, Garten- o. Zierpflanze, Heil-, Arznei- o. Giftpflanze, landschaftspflegerische u. gestalterische Nutzung

[a] Zweig mit Fruchtständen, verkleinert. [b] Zweig mit ♂ Blütenstand. [c] ♂ Blüte, vergrößert. [d] Zweig mit zwittrigen Blüten. [e] Zwitterblüte, vergrößert. [f] aufpräparierte Frucht. [g] Same im Querschnitt.

d
e
g
f
b
c
a

Lungen-Enzian
Gentiana pneumonanthe

Band 10, Tafel 9

Wissenschaftlicher Name

Gentiana pneumonanthe L.

Synonyme

Gentiana nopcsae, Pneumonanthe vulgaris

Krautige Pflanze

15 bis 50 cm hoch

Blütezeit: Juni bis Oktober

Moore, Seggenriede, Extensivgrünland, Magerrasen o. Zwergstrauchheiden

An nährstoffarmen, feuchten bis nassen Standorten

Von der planaren bis zur subalpinen Höhenstufe

Heil-, Arznei- o. Giftpflanze

[a] kleiner Stängel mit Blüte. [b] aufpräparierte Krone mit Staubblättern. [c] Kelch. [d] Fruchtknoten. [e] unteres Blatt, vergrößert. [f] Kapsel mit Kelch und verblühter Krone. [g] Kapsel ohne Kelch und Krone. [h] Samen, auch vergrößert.

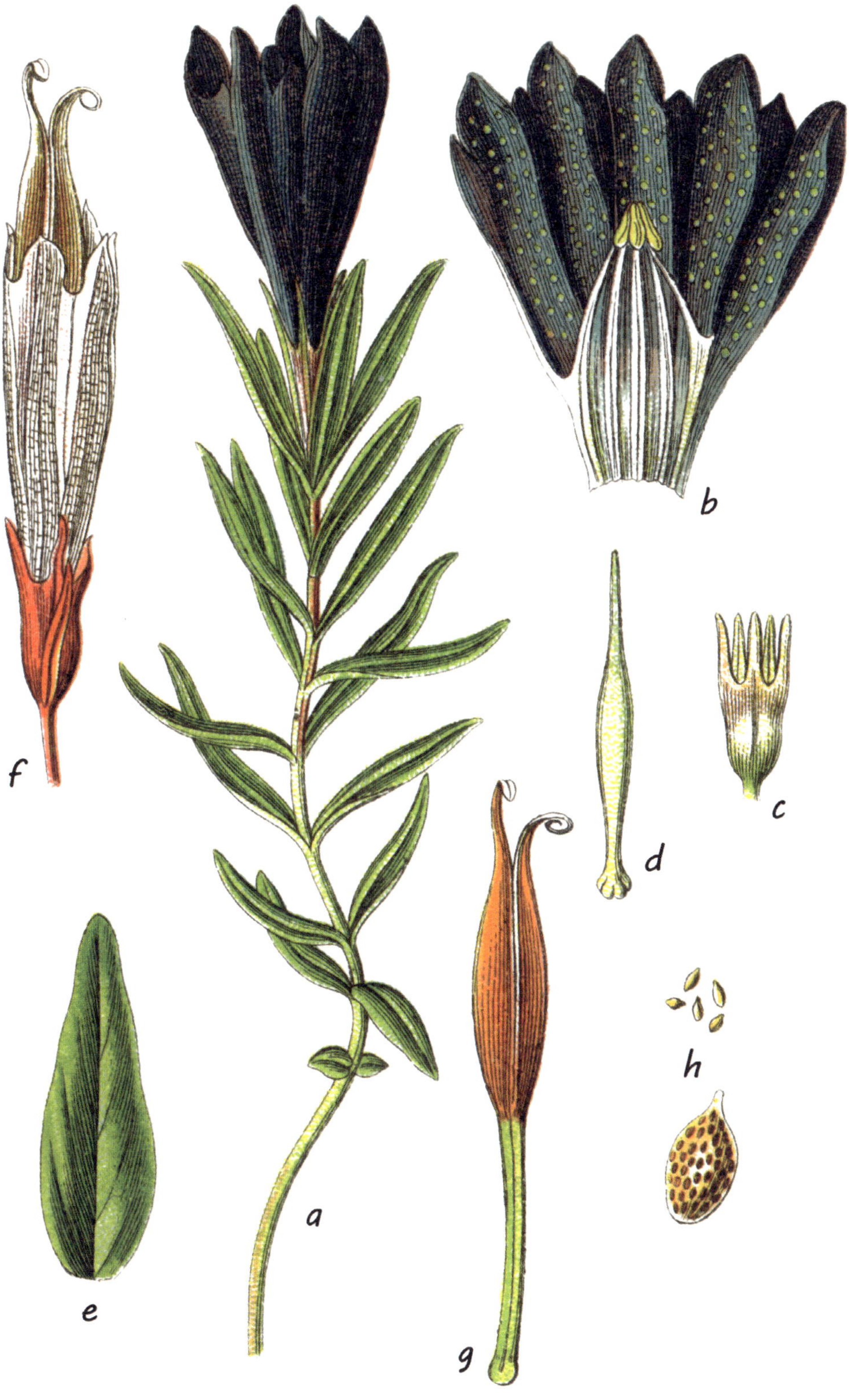
a
b
c
d
e
f
g
h

Weisse Schwalbenwurz
Asclepias vincetoxicum

Band 10, Tafel 13

Deutsche Namen

Gewöhnliche Schwalbenwurz, Schwalbenwurz

Wissenschaftlicher Name

Vincetoxicum hirundinaria Medik.

Synonym

Antitoxicum officinale

Krautige Pflanze

25 bis 120 cm hoch

Blütezeit: April bis August

Säume u. Staudenfluren, Gebüsche, Wälder,
Extensivgrünland, Magerrasen o. Zwergstrauchheiden

An nährstoffarmen, trockenen Standorten

Von der planaren bis zur montanen Höhenstufe

Heil-, Arznei- o. Giftpflanze, landschaftspflegerische u. gestalterische Nutzung

[a] Habitus, verkleinert. [b] Teil eines Blütenstandes mit 2 Blüten. [c] Kelch, auch vergrößert. [d] Blüte, vergrößert. [e] aufpräparierte Blüte mit Staubblättern und Nebenkrone, vergrößert. [f] Staubblatt, vergrößert. [g] Staubblatt nebst dem am Fortsatz des Griffelkopfanhängsels hängendem Pollinium, vergrößert. [h] Fruchtknoten mit Pollinien, vergrößert. [i] Nektarium eines Staubblattes, vergrößert. [k] Fruchtknoten ohne Fortsätze, vergrößert. [l] geöffnete Kapsel, verkleinert. [m] Same mit Haaren.

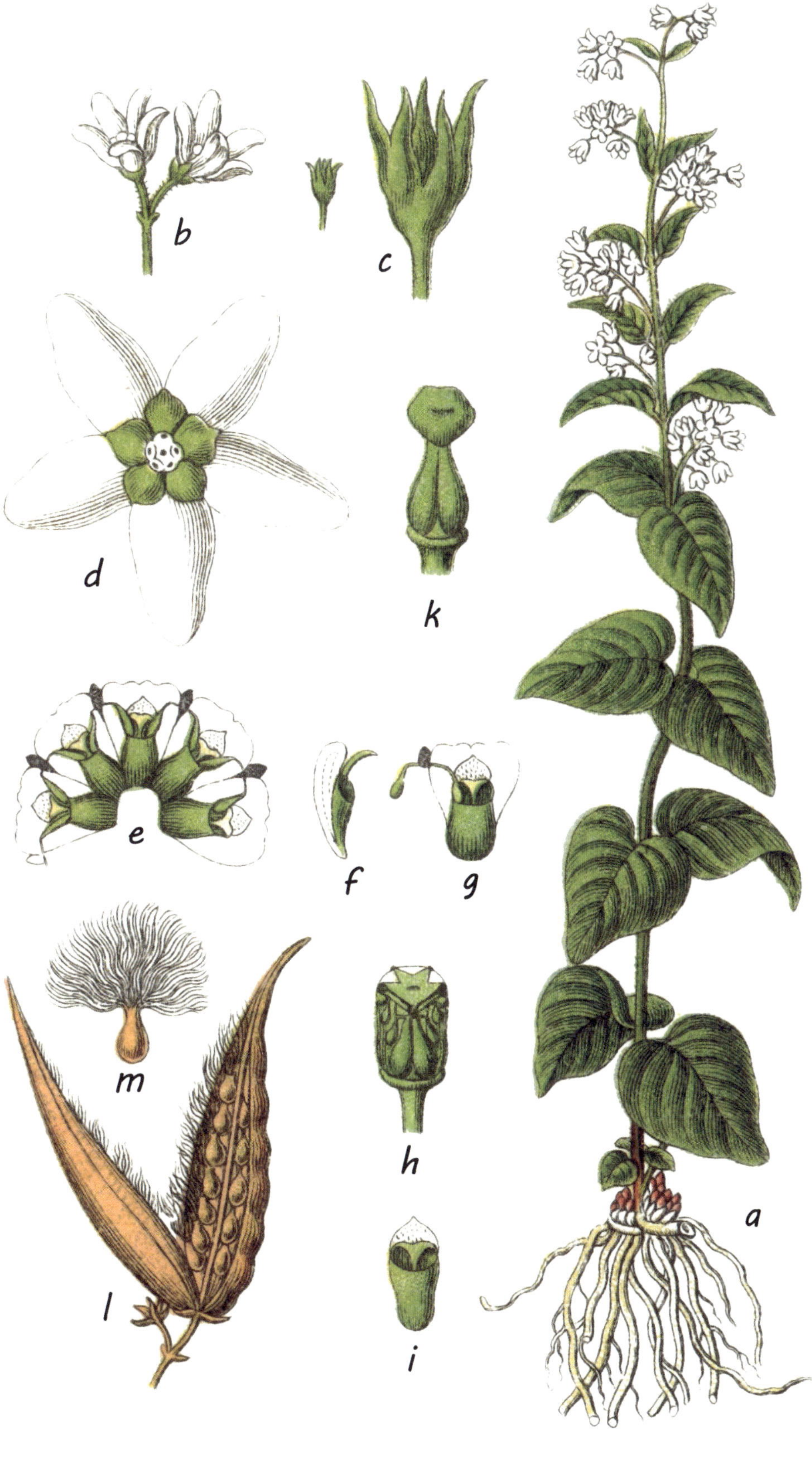
b
c
d
k
e
f
g
m
h
l
i
a

Tollkirsche
Atropa belladonna

Band 10, Tafel 14

Deutsche Namen

Echte Tollkirsche; Irrbeere, Rasewurz, Schwarze Tollkirsche

Wissenschaftlicher Name

Atropa bella-donna L.

Synonyme

Belladonna baccifera, Belladonna trichotoma

Krautige Pflanze

50 bis 150 cm hoch

Blütezeit: April bis August

Säume u. Staudenfluren, Gebüsche, Wälder

An nährstoffreichen, basenreichen Standorten

In der collinen u. montanen Höhenstufe

Garten- o. Zierpflanze, Heil-, Arznei- o. Giftpflanze,
für soziale u. rituelle Zwecke

[a] Zweig mit Blüten, verkleinert. [b] Blüte. [c] Kelch. [d] aufpräparierte Krone mit Staubblättern. [e] Staubblatt. [f] Fruchtknoten. [g] Beere mit Kelch. [h] Beere im Querschnitt. [i] Samen, auch vergrößert.

f
b
c
e
a
d
h
g
i

Echtes Bilsenkraut
Hyoscyamus niger

Band 10, Tafel 15

Deutsche Namen

Schwarzes Bilsenkraut; Altsitzerkraut, Bilsenkraut

Wissenschaftlicher Name

Hyoscyamus niger L.

Synonyme

Hyoscyamus auriculatus, Hyoscyamus bohemicus, Hyoscyamus pallidus, Hyoscyamus pictus, Hyoscyamus syspirensis, Hyoscyamus verviensis, Hyoscyamus vulgaris

Krautige Pflanze

20 bis 80 cm hoch

Blütezeit: April bis Oktober

Säume u. Staudenfluren, Äcker o. Sonderkulturen, kurzlebige Ruderalvegetation, Küstenspülsäume

An nährstoffreichen Standorten

Von der planaren bis zur montanen Höhenstufe

Garten- o. Zierpflanze, Heil-, Arznei- o. Giftpflanze, für soziale u. rituelle Zwecke

[a] Habitus, verkleinert. [b] Blüte. [c] Kelch. [d] Staubblatt, vergrößert. [e] Fruchtknoten mit Griffel und Narbe, vergrößert. [f] Fruchtkelch. [g] Kapsel ohne Kelch. [h] geöffnete Kapsel. [i] leere Kapsel im Querschnitt. [k] Same, auch vergrößert.

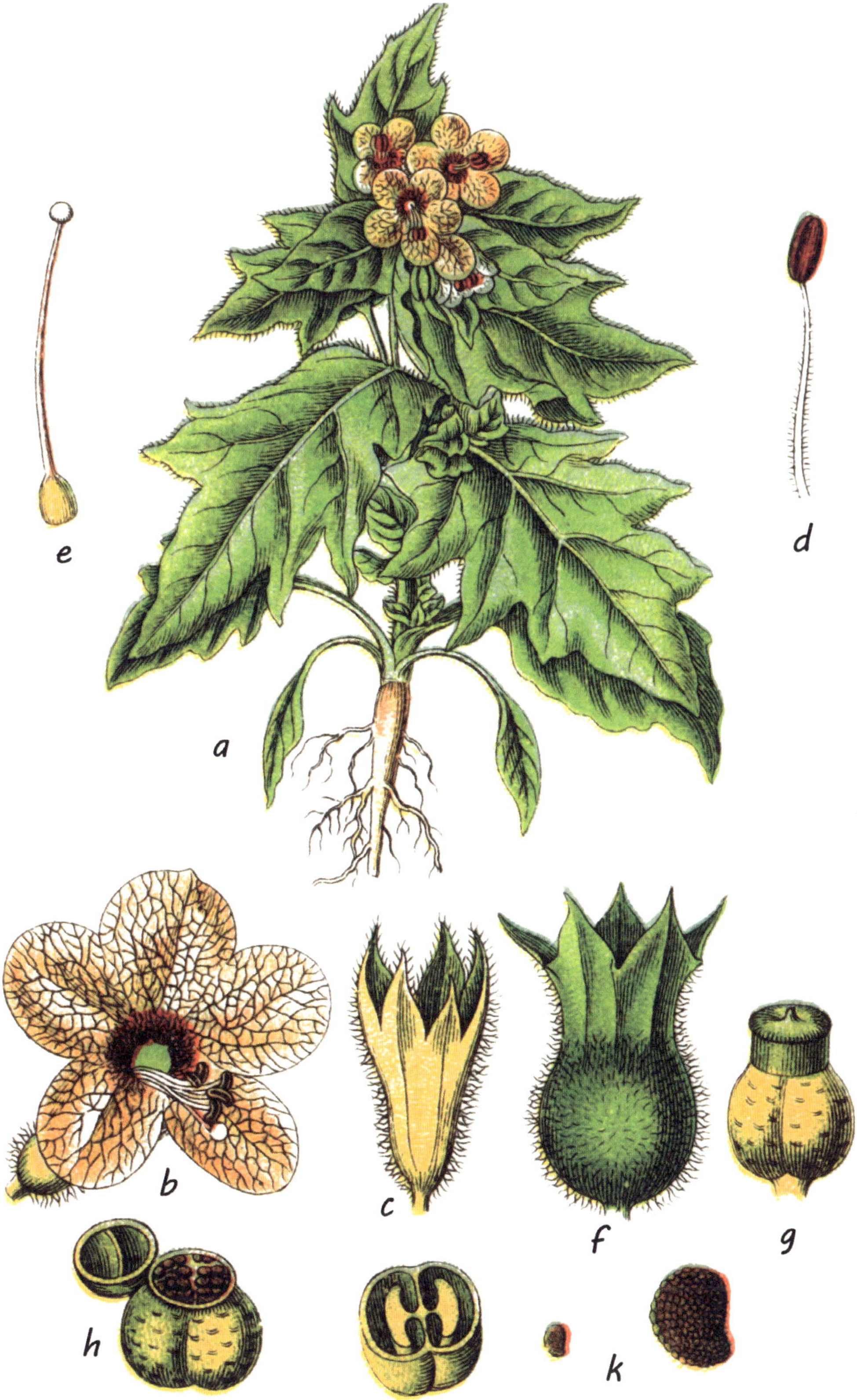
e
d
a
b
c
f
g
h
i
k

Alpen-Leinkraut
Antirrhinum alpinum

Band 10, Tafel 24

Wissenschaftlicher Name

Linaria alpina (L.) Mill.

Synonym

Antirrhinum alpinum

Krautige Pflanze

Bis 10 cm hoch

Blütezeit: April bis August

Extensivgrünland, Magerrasen o. Zwergstrauchheiden, Geröll u. Felsbiotope

An nährstoffarmen, basenreichen Standorten

Von der montanen bis zur alpinen Höhenstufe

Garten- o. Zierpflanze

[a] Habitus. [b] Kelch mit junger Kapsel, auch vergrößert. [c] Fruchtknoten, vergrößert. [d] geöffnete Frucht im Kelch. [e] Samen, auch vergrößert.

a
b
c
d
e

Schlämmling
Limosella aquatica

Band 10, Tafel 32

Deutsche Namen

Gewöhnliches Schlammkraut; Gewöhnlicher Schlammling, Schlammkraut, Schlammling, Wasser-Schlammkraut

Wissenschaftlicher Name

Limosella aquatica L.

Am Boden wurzelnde Wasserpflanze, seltener terrestrisch

Blütezeit: Mai bis Oktober

Ufer, Schlammfluren

An feuchten bis nassen, periodisch überfluteten Standorten

Von der planaren bis zur montanen Höhenstufe

Heil-, Arznei- o. Giftpflanze

[a] Habitus. [b] Blüte, vergrößert. [c] Kelch, vergrößert. [d] aufpräparierte Krone mit Staubblättern, vergrößert. [e] Fruchtknoten, vergrößert. [f] Staubblatt mit aufgesprungenen Staubbeuteln, vergrößert. [g] unreife Kapsel, auch vergrößert. [h] reife Kapsel, vergrößert. [i] geöffnete Kapsel, vergrößert. [k] Samen, auch vergrößert. [l] Same im Querschnitt, vergrößert.

b
d
g
h
k
l
i
c
f
a
e

Roter Fingerhut
Digitalis purpurea

Band 10, Tafel 33

Wissenschaftlicher Name

Digitalis purpurea L.

Synonym

Digitalis minor

Krautige Pflanze

40 bis 150 cm hoch

Blütezeit: April bis Oktober

Säume u. Staudenfluren, Gebüsche, Wälder

An sauren Standorten

Von der planaren bis zur montanen Höhenstufe

Garten- o. Zierpflanze, Heil-, Arznei- o. Giftpflanze, landschaftspflegerische u. gestalterische Nutzung

[a] Habitus, verkleinert. [b] Blüte. [c] Kelch, vergrößert. [d] aufpräparierte Krone mit Staubblättern. [e] Spitze eines Staubblattes, vergrößert. [f] Fruchtknoten mit Griffel und Narbe, vergrößert. [g] geöffnete Kapsel mit Kelchblättern. [h] leere Kapsel im Querschnitt. [i] Samen, auch vergrößert. [k] Same im Querschnitt, vergrößert.

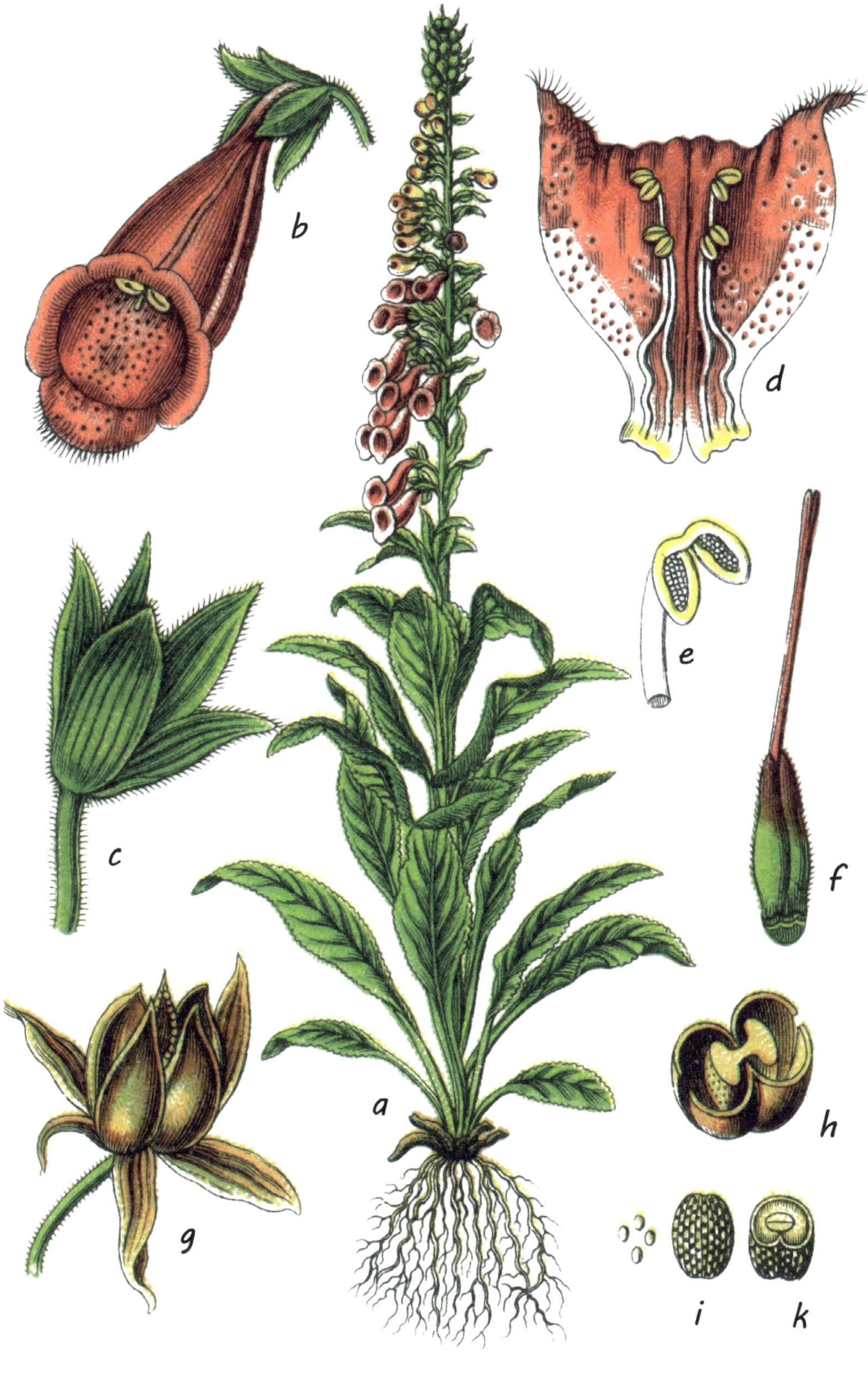
b
d
c
e
f
a
h
g
i
k

Tournefort-Ehrenpreis
Veronica Tournefortii

Band 10, Tafel 47

Deutscher Name

Persischer Ehrenpreis

Wissenschaftlicher Name

Veronica persica Poir.

Synonyme

Pocilla persica, Veronica buxbaumii, Veronica byzantina, Veronica tournefortii

Krautige Pflanze

Bis 40 cm hoch

Blütezeit: Januar bis Dezember

Grünland u. Zwergstrauchheiden, Äcker o. Sonderkulturen, kurzlebige Ruderalvegetation

An nährstoffreichen Standorten

Von der planaren bis zur montanen Höhenstufe

Garten- o. Zierpflanze

[a] Habitus, verkleinert. [b-d] Blätter. [e] Blüte. [f] Kelch. [g] Kapsel mit Kelch. [h] Kapsel nebst Querschnitt, vergrößert. [i] Kapsel im Längsschnitt, vergrößert. [k] Same, vergrößert. [l] Same im Querschnitt, vergrößert.

e
g
l
k
d
h
i
c
b
a
f

Kleine Klapper
Rhinanthus minor

Band 10, Tafel 56

Deutscher Name

Kleiner Klappertopf

Wissenschaftlicher Name

Rhinanthus minor L.

Synonyme

Alectorolophus borealis, Alectorolophus crista-galli, Alectorolophus drummond-hayi, Alectorolophus minor, Alectorolophus monticola, Alectorolophus parviflorus, Alectorolophus rusticulus, Alectorolophus stenophyllus, Rhinanthus balticus, Rhinanthus borealis, Rhinanthus hercynicus, Rhinanthus nigricans, Rhinanthus rusticulus, Rhinanthus stenophyllus

Krautiger, chlorophyllhaltiger Halb-Parasit

10 bis 60 cm hoch

Blütezeit: April bis September

Grünland u. Zwergstrauchheiden

Von der planaren bis zur montanen Höhenstufe

Heil-, Arznei- o. Giftpflanze

[a] Habitus. [b] Blüte mit Tragblatt im Längsschnitt, vergrößert. [c] Staubblatt, vergrößert. [d] Fruchtknoten mit aufpräpariertem Kelch, vergrößert. [e] Kapsel mit aufpräpariertem Kelch. [f] Kapsel im Längsschnitt. [g] Same, vergrößert.

f
g
b
c
a
a
e
d

Schuppenwurz
Lathraea squamaria

Band 10, Tafel 59

Deutsche Namen

Gewöhnliche Schuppenwurz; Aufrechte Schuppenwurz, Fichten-Schuppenwurz, Laubholz-Schuppenwurz, Nadelholz-Schuppenwurz, Tatra-Schuppenwurz

Wissenschaftlicher Name

Lathraea squamaria L.

Krautiger (fast) chlorophyllloser Epi-Parasit

10 bis 30 cm hoch

Blütezeit: Februar bis Juni

Gebüsche, Wälder

An nährstoffreichen Standorten

Von der planaren bis zur montanen Höhenstufe

Garten- o. Zierpflanze, Heil-, Arznei- o. Giftpflanze

[a] Habitus, verkleinert. [b] Blüte mit Tragblatt. [c] aufpräparierte Blüte. [d] Staubblätter, vergrößert. [e] Fruchtknoten. [f] Griffel mit Narbe, vergrößert. [g] junge Kapsel im Kelch nebst Tragblatt. [h] Kapsel im Kelch. [i] Kapsel. [k] Kapsel im Querschnitt. [l] Samen, auch vergrößert.

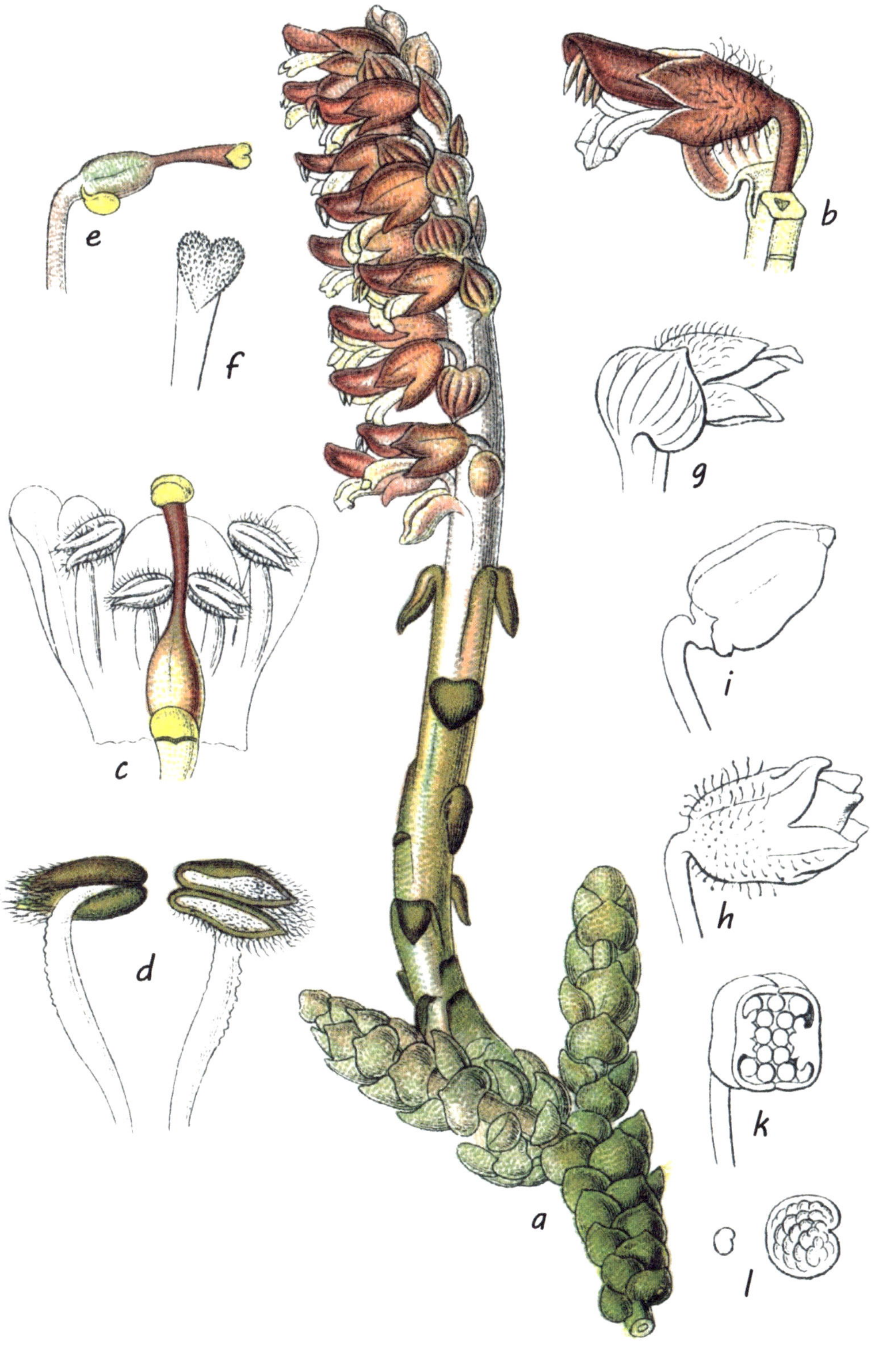
a
b
c
d
e
f
g
h
i
k
l

Gewöhnlicher Wasserschlauch
Utricularia vulgaris

Band 10, Tafel 63

Deutscher Name

Echter Wasserschlauch

Wissenschaftlicher Name

Utricularia vulgaris L.

Insektivore Wasserpflanze mit Fangblasen

Blütezeit: Mai bis August

Gewässer

Von der planaren bis zur montanen Höhenstufe

Heil-, Arznei- o. Giftpflanze

[a] Habitus, verkleinert. [b] Blattstück mit Fangblase, vergrößert. [c-d] Blüten. [e] junge Kapsel im Kelch. [f] Kronenoberlippe mit Staubbeuteln und Narbe, vergrößert. [g-h] Fruchtknoten, vergrößert. [i] Staubblatt, vergrößert. [k] Kapsel. [l] Kapsel ohne Deckel. [m] Samen, auch vergrößert.

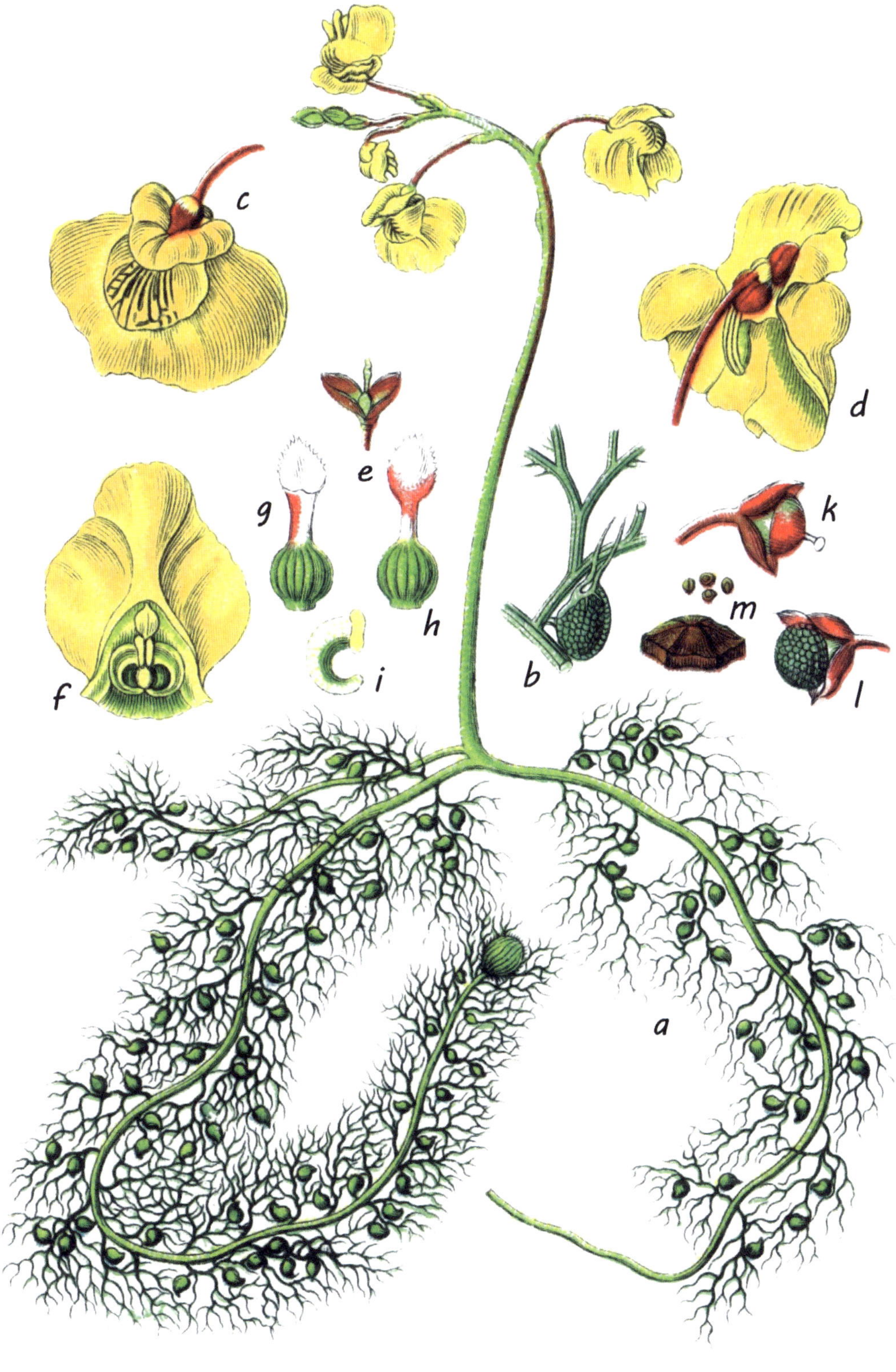
c
d
e
g
h
b
k
m
i
f
l
a

Alpen-Wachsblume
Cerinthe alpina

Band 11, Tafel 12

Deutscher Name

Kahle Wachsblume

Wissenschaftlicher Name

Cerinthe glabra subsp. *glabra* Mill.

Synonyme

Cerinthe alpina, Cerinthe pyrenaica

Krautige Pflanze

30 bis 60 cm hoch

Blütezeit: April bis August

Säume u. Staudenfluren, Geröll u. Felsbiotope, kurzlebige Ruderalvegetation

An nährstoffreichen, basenreichen Standorten

In der subalpinen u. alpinen Höhenstufe

[a] Zweig mit Blütenständen, verkleinert. [b] Spitze eines Zweiges mit Blüten. [c] unteres Blatt. [d] Blüte. [e] aufpräparierte Krone mit Staubblättern, vergrößert. [f] Spitze eines Staubblattes, vergrößert. [g] Kelch mit Fruchtknoten. [h] Fruchtknoten, vergrößert.

b
d
g
h
e
f
a
c

Sumpf-Vergissmeinnicht
Myosotis palustris

Band 11, Tafel 14

Deutsche Namen

Gewöhnliches Sumpf-Vergißmeinicht,
Großblütiges Sumpf-Vergißmeinicht

Wissenschaftlicher Name

Myosotis scorpioides L.

Synonyme

Myosotis laxiflora, Myosotis multiflora,
Myosotis palustris

Krautige Pflanze

10 bis 100 cm hoch

Blütezeit: April bis September

Moore, Seggenriede, Extensivgrünland, Magerrasen o. Zwergstrauchheiden

An wechselfeuchten bis nassen Standorten

Von der planaren bis zur montanen Höhenstufe

Garten- o. Zierpflanze, Heil-, Arznei- o. Giftpflanze,
landschaftspflegerische u. gestalterische Nutzung

[a] Habitus, verkleinert. [b] Teil eines Stängels. [c] Blattspitze. [d-e] Blüten, auch vergrößert. [f] aufpräparierte Krone mit Staubblättern und Schlundschuppen, vergrößert. [g] Staubbeutel, vergrößert. [h] Kelch, auch vergrößert. [i] Kelch mit Fruchtknoten im Längsschnitt. [k] Kelchhaare, vergrößert. [l] Fruchtknoten mit Griffel und Narbe, vergrößert. [m] Klausen (Teilfrüchte), auch vergrößert.

d
d
e
f
g
h
i
k
l
m
m
a
b
c

Bergmelisse
Melittis melissophyllum

Band 11, Tafel 31

Deutscher Name

Immenblatt

Wissenschaftlicher Name

Melittis melissophyllum L.

Krautige Pflanze

20 bis 50 cm hoch

Blütezeit: April bis Juni

Gebüsche, Wälder

An basenreichen Standorten

Von der collinen bis zur subalpinen Höhenstufe

Garten- o. Zierpflanze, Heil-, Arznei- o. Giftpflanze

[a] Zweig mit Blüten, verkleinert. [b-c] Blüten. [d] aufpräparierte Blüte. [e] Staubblätter, vergrößert. [f-g] Kelche. [h] Klausen (Teilfrüchte), auch vergrößert.

a
b
c
d
e
e
f
g
h

Weisse Bienensaug
Lamium album

Band 11, Tafel 39

Deutscher Name

Weiße Taubnessel

Wissenschaftlicher Name

Lamium album L.

Krautige Pflanze

20 bis 50 cm hoch

Blütezeit: Februar bis Oktober

Ufer, Säume u. Staudenfluren, Äcker o. Sonderkulturen, kurzlebige Ruderalvegetation

An nährstoffreichen Standorten

Von der planaren bis zur montanen Höhenstufe

Garten- o. Zierpflanze, Heil-, Arznei- o. Giftpflanze, landschaftspflegerische u. gestalterische Nutzung, Tierfutter

[a] Habitus, verkleinert. [b] Blüte. [c] Kelch. [d] aufpräparierte Krone mit Staubblättern. [e] Staubblätter, auch vergrößert. [f] Fruchtknoten mit Griffel und Narbe, auch vergrößert. [g] Fruchtkelch. [h] Klausen (Teilfrüchte), auch vergrößert. [i] Klause im Querschnitt, vergrößert.

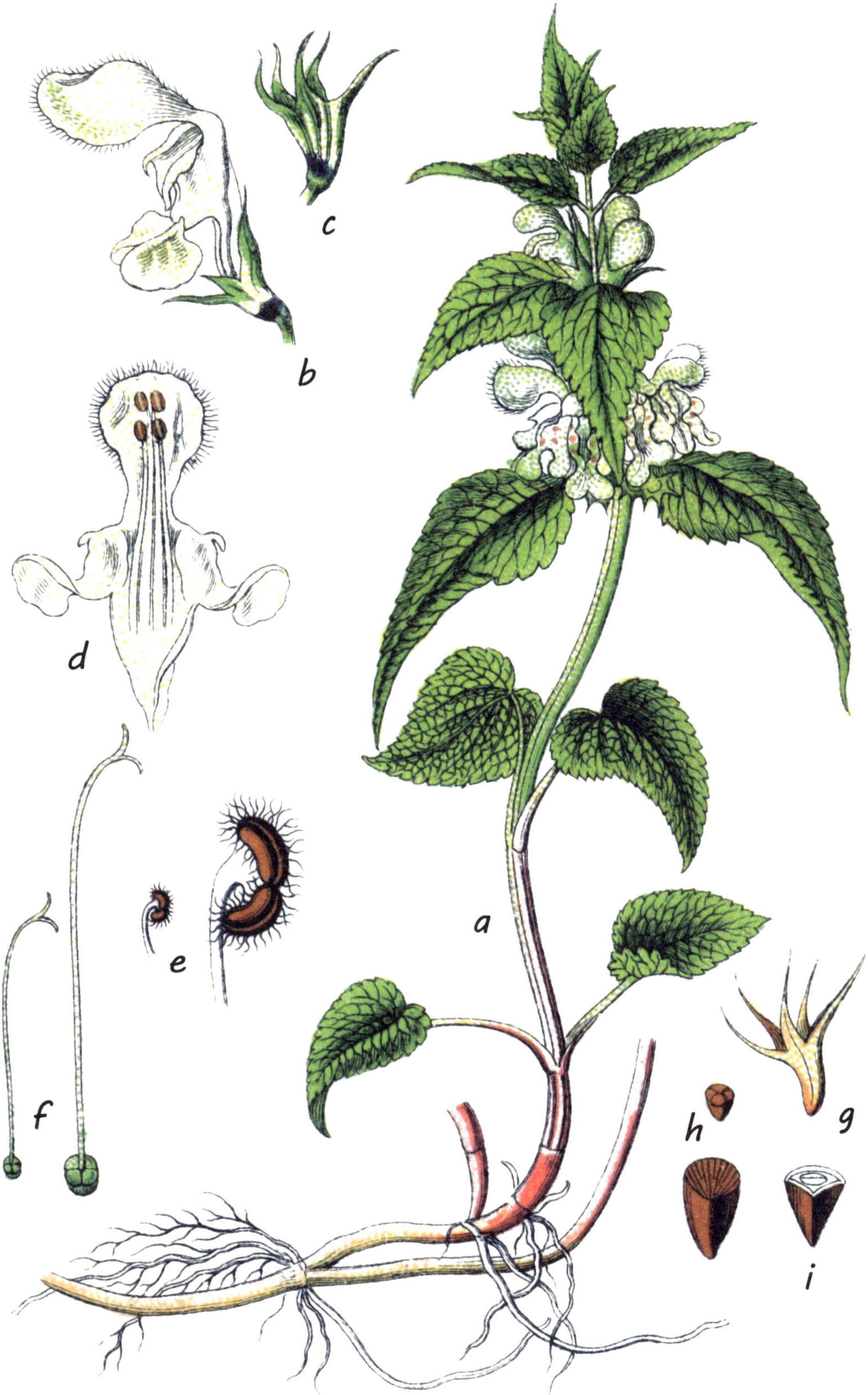
c
b
d
e
a
f
h
g
i

Breiter Wegerich
Plantago major

Band 11, Tafel 59

Deutsche Namen

Breit-Wegerich; Großer Wegerich,
Salzwiesen-Breit-Wegerich, Vielsamiger Breit-Wegerich

Wissenschaftlicher Name

Plantago major L.

Synonyme

Plantago latifolia, Plantago minima

Krautige Pflanze

Bis 40 cm hoch

Blütezeit: April bis Oktober

Ufer, Schlammfluren, Säume u. Staudenfluren, Grünland u. Zwergstrauchheiden, Äcker o. Sonderkulturen, kurzlebige Ruderalvegetation, Trittpflanzengesellschaften, ssp. *winteri* in Salzwiesen u. an salzbeeinflussten Ruderalstandorten

Von der planaren bis zur subalpinen Höhenstufe

Garten- o. Zierpflanze, genetische Ressource, Heil-, Arznei- o. Giftpflanze, landschaftspflegerische u. gestalterische Nutzung, Nahrungsmittel, Tierfutter

[a] Habitus, verkleinert. [b] Blüte, auch vergrößert. [c] Staubblatt, vergrößert. [d] Kelch, vergrößert. [e] Kapsel mit Kelchblättern, auch vergrößert. [f] Kapsel, vergrößert. [g] geöffnete Kapsel mit Samen, vergrößert. [h] Scheidewand der Frucht, vergrößert. [i-k] Samen, auch vergrößert.

b
c
d
e
f
g
h
i
k
a

Gemeiner Efeu
Hedera helix

Band 12, Tafel 1

Deutsche Namen

Gewöhnlicher Efeu; Efeu

Wissenschaftlicher Name

Hedera helix L.

Synonym

Hedera poetica

Mehrjährige Kletterpflanze

Bis 35 m hoch kletternd

Blütezeit: August bis November

Gebüsche, Wälder

Von der planaren bis zur montanen Höhenstufe

Baumaterial, Garten- o. Zierpflanze, Heil-, Arznei- o. Giftpflanze, landschaftspflegerische u. gestalterische Nutzung

[a] Zweig mit Blütenstand, verkleinert. [b] Blatt eines vegetativen Zweiges, verkleinert. [c] Blüte, vergrößert. [d] Blüte im Längsschnitt, vergrößert. [e] Fruchtknoten im Querschnitt, vergrößert. [f] Teil eines Fruchtstandes (Dolde). [g] Samen, auch vergrößert.

c
g
d
e
a
b
f

Grosse Strenze
Astrantia major

Band 12, Tafel 4

Deutsche Namen

Große Sterndolde; Gewöhnliche Große Sterndolde, Kärntner Große Sterndolde, Kärntner Sterndolde

Wissenschaftlicher Name

Astrantia major L.

Krautige Pflanze

30 bis 100 cm hoch

Blütezeit: April bis August

Säume u. Staudenfluren, Gebüsche, Grünland u. Zwergstrauchheiden

An basenreichen Standorten

Von der collinen bis zur alpinen Höhenstufe

Garten- o. Zierpflanze, Heil-, Arznei- o. Giftpflanze, landschaftspflegerische u. gestalterische Nutzung

[a] Habitus, verkleinert. [b] Doldenstrahl mit Döldchen. [c] ♂ Blüte (lang gestielt), vergrößert. [d] Staubblatt, vergrößert. [e] Kronblätter, vergrößert. [f] ♀ Blüte (kurz gestielt), auch vergrößert. [g] Teilfrüchte. [h] Samen, vergrößert.

e
c
b
d
f
a
g
h

Kümmel
Carum carvi

Band 12, Tafel 10

Deutsche Namen

Wiesen-Kümmel; Echter Kümmel

Wissenschaftlicher Name

Carum carvi L.

Synonym

Carum velenovskyi

Krautige Pflanze

30 bis 80 cm hoch

Blütezeit: April bis August

Grünland u. Zwergstrauchheiden

Von der planaren bis zur subalpinen Höhenstufe

Genetische Ressource, Heil-, Arznei- o. Giftpflanze, Nahrungsmittel, Tierfutter

[a] Stängelbasis mit Grundblatt, verkleinert. [b] Stängelspitze mit Blütenständen, verkleinert. [c] Blüte, vergrößert. [d] unreife Spaltfrucht, vergrößert. [e] Spaltfrucht mit ausnahmsweise gespaltenem Fruchthalter, vergrößert. [f] zerfallende Spaltfrucht, vergrößert. [g] Teilfrüchte im Querschnitt, vergrößert.

e
f
d
c
g
a
b

Wilde Angelika
Angelica silvestris

Band 12, Tafel 25

Deutsche Namen

Wilde Engelwurz; Berg-Wald-Engelwurz, Brustwurz, Wald-Engelwurz

Wissenschaftlicher Name

Angelica sylvestris L.

Synonyme

Angelica brachyradia, Angelica illyrica, Angelica pancicii

Krautige Pflanze

80 bis 150 cm hoch

Blütezeit: Juni bis Oktober

Ufer, Röhrichte, Säume u. Staudenfluren, Gebüsche, Wälder, Grünland u. Zwergstrauchheiden

An feuchten bis nassen Standorten

Von der planaren bis zur montanen Höhenstufe

Heil-, Arznei- o. Giftpflanze, landschaftspflegerische u. gestalterische Nutzung

[a] Basis eines Stängels, verkleinert. [b] Grundblatt, verkleinert. [c] Stängelspitze mit Doppeldolde, verkleinert. [d] Fruchtknoten, vergrößert. [e] unreife Spaltfrucht, vergrößert. [f] Blüte, vergrößert. [g] Teilfrucht im Querschnitt, vergrößert. [h] Fruchtstiel mit Fruchthaltern. [i-k] Teilfrüchte von der Bauchseite, vergrößert. Das Blatt b ist irrtümlich abgebildet.

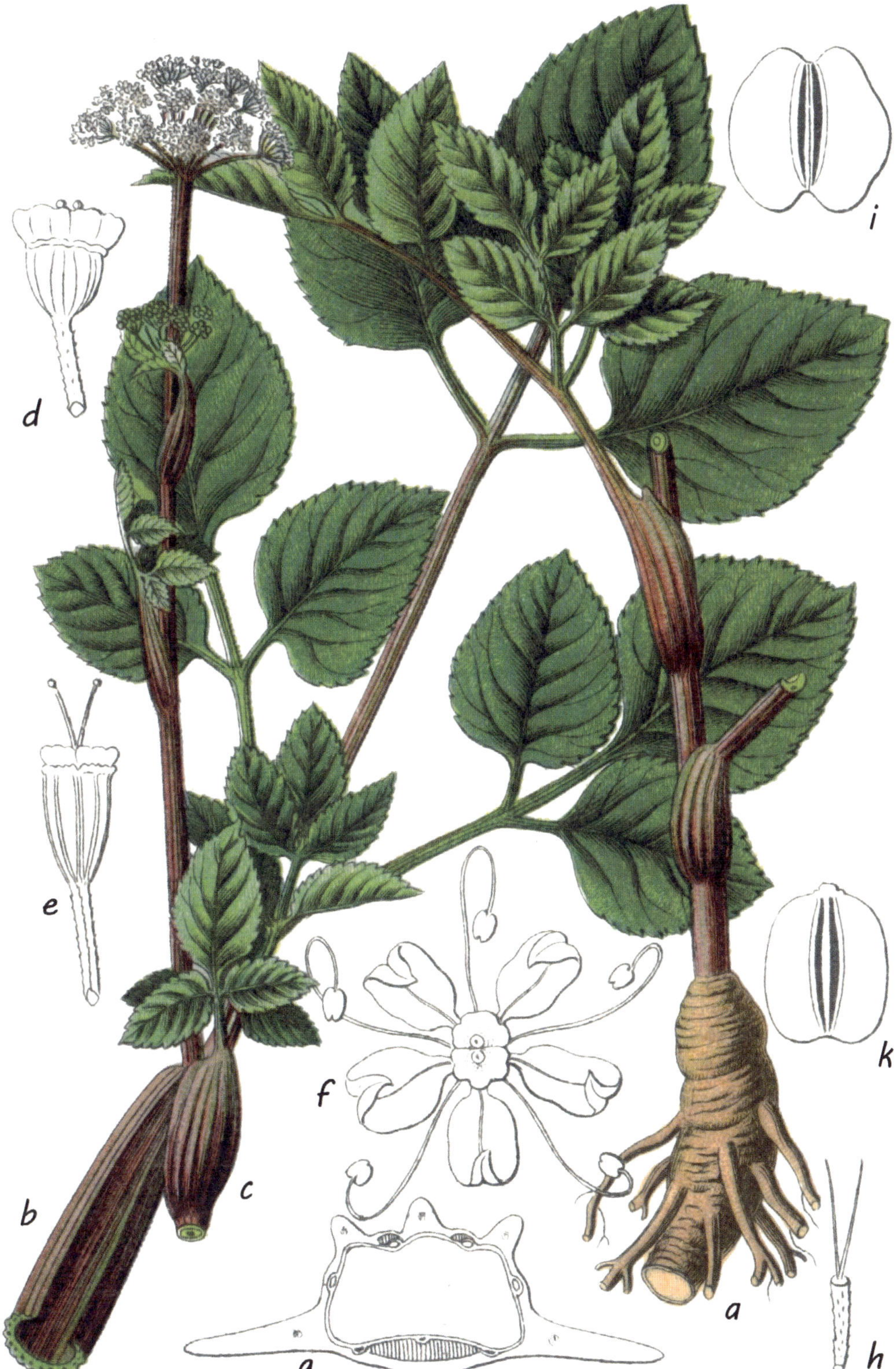
i
d
e
k
f
c
b
a
g
h

Echte Pastinake
Pastinaca sativa

Band 12, Tafel 28

Deutsche Namen

Gewöhnlicher Pastinak; Brenn-Pastinak, Gemüse-Pastinak, Glanzloser Pastinak, Pastinak, Pastinake, Saat-Pastinak, Zottiger Pastinak

Wissenschaftlicher Name

Pastinaca sativa L.

Krautige Pflanze

30 bis 200 cm hoch

Blütezeit: Juni bis September

Säume u. Staudenfluren, Grünland u. Zwergstrauchheiden, Äcker o. Sonderkulturen, kurzlebige Ruderalvegetation

An basenreichen Standorten

Von der planaren bis zur montanen Höhenstufe

Genetische Ressource, Heil-, Arznei- o. Giftpflanze, Nahrungsmittel

[a] Wurzel einer Kulturrasse, verkleinert. [b] Grundblatt, verkleinert. [c-d] oberer Teil der Pflanze, verkleinert. [e] Doldenstrahl mit Döldchen, verkleinert. [f] Fruchtknoten, vergrößert. [g-h] Kronblätter, vergrößert. [i] Griffel mit Griffeipolster von oben, vergrößert. [k-l] Teilfrucht von Rücken- und Bauchseite, vergrößert. [m] Teilfrucht im Querschnitt, vergrößert.

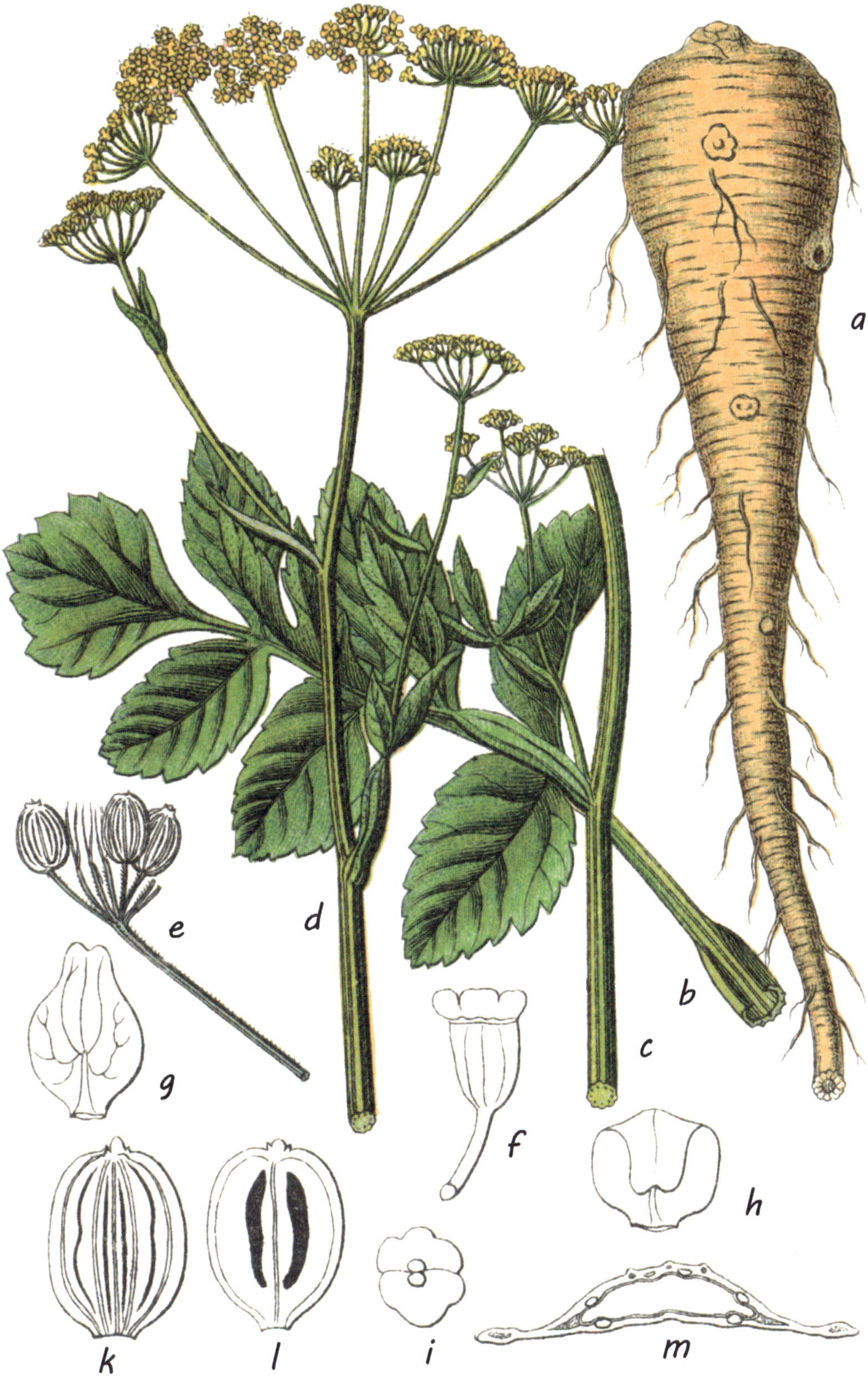
a
b
c
d
e
f
g
h
i
k
l
m

Echte Möhre
Daucus carota

Band 12, Tafel 33

Deutsche Namen

Gewöhnliche Möhre; Gelbe Rübe, Karotte, Kultur-Möhre, Wilde Möhre

Wissenschaftlicher Name

Daucus carota L.

Synonym

Daucus gingidium

Krautige Pflanze

30 bis 100 cm hoch

Blütezeit: April bis September

Säume u. Staudenfluren, Grünland u. Zwergstrauchheiden, kurzlebige Ruderalvegetation

Von der planaren bis zur subalpinen Höhenstufe

Garten- o. Zierpflanze, genetische Ressource, Heil-, Arznei- o. Giftpflanze, Nahrungsmittel, Tierfutter

[a] Stängelbasis mit Grundblättern, verkleinert. [b] Stängelspitze mit Doppeldolde, verkleinert. [c] Fruchtstand, verkleinert. [d] Wurzel einer Kulturrasse, verkleinert. [e-f] Zweige mit Döldchen, vergrößert. [g] Randblüte, vergrößert. [h] Mittelblüte, vergrößert. [i] Blüte, vergrößert. [k-l] Teilfrucht von der Rücken- und Bauchseite, vergrößert. [m] Teilfrucht im Querschnitt, vergrößert.

h
i
f
c
g
d
k
a
e
b
l
m

Echte Kornelkirsche
Cornus mas

Band 12, Tafel 40

Deutsche Namen

Kornelkirsche; Gelber Hartriegel, Gelber Hornstrauch, Herlitze

Wissenschaftlicher Name

Cornus mas L.

Synonyme

Cornus erythrocarpa, Cornus flava, Cornus homerica, Cornus mascula, Cornus nudiflora, Cornus praecox, Cornus vernalis, Eukrania mascula, Macrocarpium mas

Meist strauchförmig

Bis 8 m hoch

Blütezeit: März bis Mai

Gebüsche, Wälder

An basenreichen Standorten

Von der planaren bis zur montanen Höhenstufe

Baumaterial, Garten- o. Zierpflanze, Heil-, Arznei- o. Giftpflanze, landschaftspflegerische u. gestalterische Nutzung, Nahrungsmittel

[a] Zweig mit Blättern, verkleinert. [b] Zweig mit Blütenständen, verkleinert. [c] Blütenstand mit 4 Tragblättern, die Blütenstielchen sind abnorm lang oder verzeichnet. [d-e] Blüten, vergrößert. [f] Fruchtknoten, vergrößert. [g] Steinfrucht. [h] aufpräparierte Steinfrucht. [i] Steinkern.

c
f
d
g
h
e
i
b
a

Wilder Schneeball
Viburnum opulus

Band 12, Tafel 43

Deutsche Namen

Gewöhnlicher Schneeball; Gemeiner Schneeball, Wasser-Holunder, Wasser-Schneeball

Wissenschaftlicher Name

Viburnum opulus L.

Meist strauchförmig

Bis 5 m hoch

Blütezeit: April bis Juli

Gebüsche, Wälder

Von der planaren bis zur montanen Höhenstufe

Baumaterial, Garten- o. Zierpflanze, Heil-, Arznei- o. Giftpflanze, landschaftspflegerische u. gestalterische Nutzung, Nahrungsmittel

[a] Zweig mit Blütenstand, verkleinert. [b] Blattstiel mit Drüsen. [c] Teil eines Blütenstandes mit vergrößerter Randblüte. [d-e] Blüten, vergrößert. [f] Fruchtknoten, vergrößert. [g] atypisches Staubblatt, vergrößert. [h] Steinfrucht. [i] Steinfrucht im Querschnitt. [k] Fruchtknoten.

b
d
e
f
g
c
a
h
i
k

Gemeine Heckenkirsche
Lonicera xylosteum

Band 12, Tafel 45

Deutsche Namen

Rote Heckenkirsche; Beinholz, Rotes Geißblatt

Wissenschaftlicher Name

Lonicera xylosteum L.

Synonyme

Lonicera leiophylla, Lonicera luteiflora, Lonicera ochroleuca

Strauch

Bis 4 m hoch

Blütezeit: Februar bis Juni

Gebüsche, Wälder

An basenreichen Standorten

Von der planaren bis zur montanen Höhenstufe

Heil-, Arznei- o. Giftpflanze

[a] Zweig mit Blütenständen. [b] Zweig mit Fruchtständen. [c] Blütenstand, vergrößert. [d] Kronblatt mit Staubblättern, vergrößert. [e] junger Fruchtstand, vergrößert. [f] Samen, auch vergrößert. [g] Same im Querschnitt, vergrößert.

f
f
g
e
a
c
d
b

Rotfrüchtige Zaunrübe
Bryonia dioeca

Band 12, Tafel 64

Deutsche Namen

Rotbeerige Zaunrübe;
Rote Zaunrübe, Zweihäusige Zaunrübe

Wissenschaftlicher Name

Bryonia dioica Jacq.

Synonyme

Bryonia digyna, Bryonia sicula

Mehrjährige Kletterpflanze

Bis 5 m hoch kletternd

Blütezeit: April bis September

Gebüsche, kurzlebige Ruderalvegetation

An basenreichen Standorten

Von der planaren bis zur montanen Höhenstufe

Garten- o. Zierpflanze, Heil-, Arznei- o. Giftpflanze

[a] Zweig einer ♀ Pflanze, verkleinert. [b] Ranke. [c] Blatt, verkleinert. [d-e] ♀ Blüte. [g] Kelch, vergrößert. [h-i] ♂ Blüte. [k-l] 2 verwachsene Staubblätter, vergrößert. [m] Fruchtstand. [n] Beere im Querschnitt. [o-q] Same nebst Längs- und Querschnitt, vergrößert.

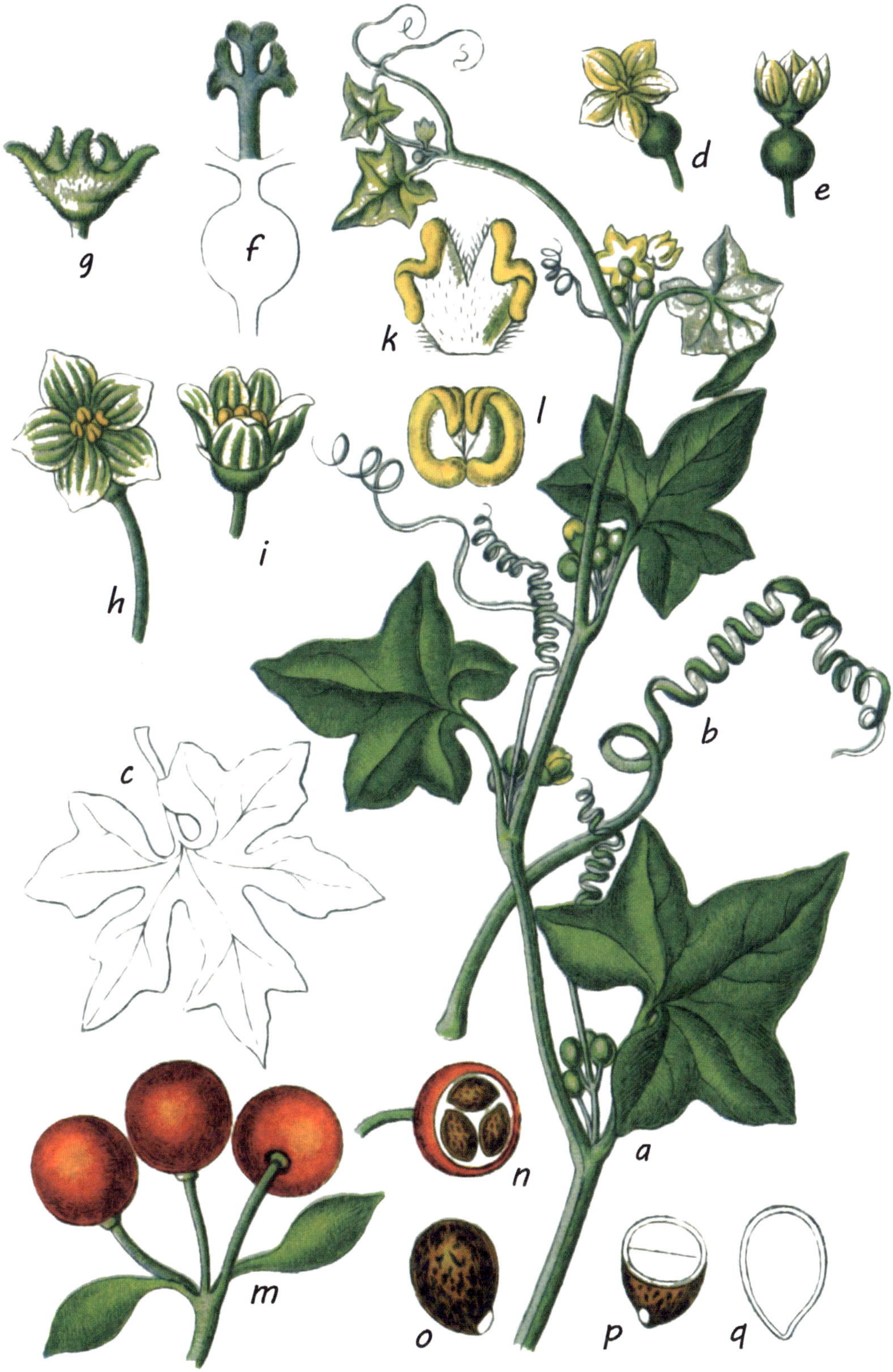
g
f
d
e
k
h
i
l
b
c
a
n
m
o
p
q

Gemeines Massliebchen
Bellis perennis

Band 13, Tafel 9

Deutsche Namen

Ausdauerndes Gänseblümchen;
Gänseblümchen, Gewöhnliches Gänseblümchen,
Maßliebchen, Mehrjähriges Gänseblümchen,
Tausendschönchen

Wissenschaftlicher Name

Bellis perennis L.

Synonyme

Bellis armena, Bellis hortensis,
Bellis hybrida, Bellis pumila

Krautige Pflanze

Bis 20 cm hoch

Blütezeit: Januar bis Dezember

Grünland u. Zwergstrauchheiden, Trittpflanzengesellschaften

Auch an salzhaltigen Standorten

Von der planaren bis zur alpinen Höhenstufe

Garten- o. Zierpflanze, Heil-, Arznei- o. Giftpflanze,
landschaftspflegerische u. gestalterische Nutzung

[a] Habitus, verkleinert. [b] Blütenstand. [c] Mittelblüte, vergrößert. [d] Fruchtknoten mit Griffel, vergrößert. [e] Zungenblüte. [f] Zungenblüte, vergrößert. [g] aufpräparierte Staubbeutelröhre, vergrößert. [h] Köpfchenboden. [i] Nuss nebst Querschnitt, auch vergrößert.

g
b
h
e
f
c
d
i
i
a

Gemeines Katzenpfötchen
Gnaphalium dioecum

Band 13, Tafel 28

Deutscher Name

Gewöhnliches Katzenpfötchen

Wissenschaftlicher Name

Antennaria dioica (L.) Gaertn.

Synonyme

Antennaria hibernica, Antennaria hyperborea

Krautige Pflanze

Bis 30 cm hoch

Blütezeit: April bis August

Gebüsche, Grünland u. Zwergstrauchheiden

An nährstoffarmen, sauren Standorten

Von der planaren bis zur alpinen Höhenstufe

Garten- o. Zierpflanze, Heil-, Arznei- o. Giftpflanze, landschaftspflegerische u. gestalterische Nutzung

[a] verblühte ♀ Pflanze, verkleinert. [b] ♀ Blütenstand. [c] Hüllblatt, meist gezähnt!, auch vergrößert. [d] ♂ Blüte, meist sind die Borsten länger und dicker, auch vergrößert. [e] ♀ Blüte, auch vergrößert.

a
b
c
d
e

Grosse Margrete
Chamaemelum leucanthemum

Band 13, Tafel 50

Deutsche Namen

Frühe Margerite; Gewöhnliche Margerite, Margerite, Marguerite, Wiesen-Margerite

Wissenschaftlicher Name

Leucanthemum vulgare (Vaill.) Lam.

Synonyme

Bellidioides vulgaris, Chrysanthemum lanceolatum, Leucanthemum lanceolatum, Leucanthemum praecox

Krautige Pflanze

20 bis 100 cm hoch

Blütezeit: Mai bis Oktober

Grünland u. Zwergstrauchheiden

Von der planaren bis zur subalpinen Höhenstufe

Garten- o. Zierpflanze, Heil-, Arznei- o. Giftpflanze, landschaftspflegerische u. gestalterische Nutzung

[a] Habitus, verkleinert. [b] Blütenstand. [c] Hülle. [d] Randblüte, vergrößert. [e] Mittelblüte. [f] Fruchtknoten und Staubblätter, vergrößert. [g] Nuss. [h] Hüllkelch und Blütenstandsachse.

b
d
e
c
f
h
g
a

Huflattich
Tussilago generalis

Band 13, Tafel 52

Wissenschaftlicher Name

Tussilago farfara L.

Synonyme

Tussilago alpestris, Tussilago umbertina

Krautige Pflanze

Bis 30 cm hoch

Blütezeit: Januar bis Juni

Ufer, Röhrichte, Säume u. Staudenfluren, Intensivgrünland, Äcker o. Sonderkulturen, kurzlebige Ruderalvegetation

An basenreichen, wechselfeuchten Standorten

Von der planaren bis zur alpinen Höhenstufe

Garten- o. Zierpflanze, Heil-, Arznei- o. Giftpflanze, Nahrungsmittel, Tierfutter

[a] blühende Pflanze, verkleinert. [b] Blattrieb mit Grundblätter, verkleinert. [c] Randblüte. [d] Mittelblüte, auch vergrößert. [e] Nuss mit Pappus, auch vergrößert.

c
d
e
b
a

Arnika
Arnica montana

Band 13, Tafel 57

Deutsche Namen

Berg-Wohlverleih; Echte Arnika, Wolferlei

Wissenschaftlicher Name

Arnica montana L.

Krautige Pflanze

20 bis 50 cm hoch

Blütezeit: April bis August

Gebüsche, Moore, Seggenriede, Extensivgrünland, Magerrasen o. Zwergstrauchheiden

An nährstoffarmen, sauren Standorten

Von der planaren bis zur subalpinen Höhenstufe

Garten- o. Zierpflanze, Heil-, Arznei- o. Giftpflanze, landschaftspflegerische u. gestalterische Nutzung

[a] Habitus, verkleinert. [b] Hüllkelch. [c] Köpfchenboden mit Röhrenblüte. [d] Teil des Köpfchenbodens, vergrößert. [e] Zungenblüte. [f] unterer Teil der Endblüte, vergrößert. [g] Röhrenblüte. [h] Nuss mit Pappus. [i] Nuss mit Pappus, vergrößert. [k] Nuss im Querschnitt, vergrößert.

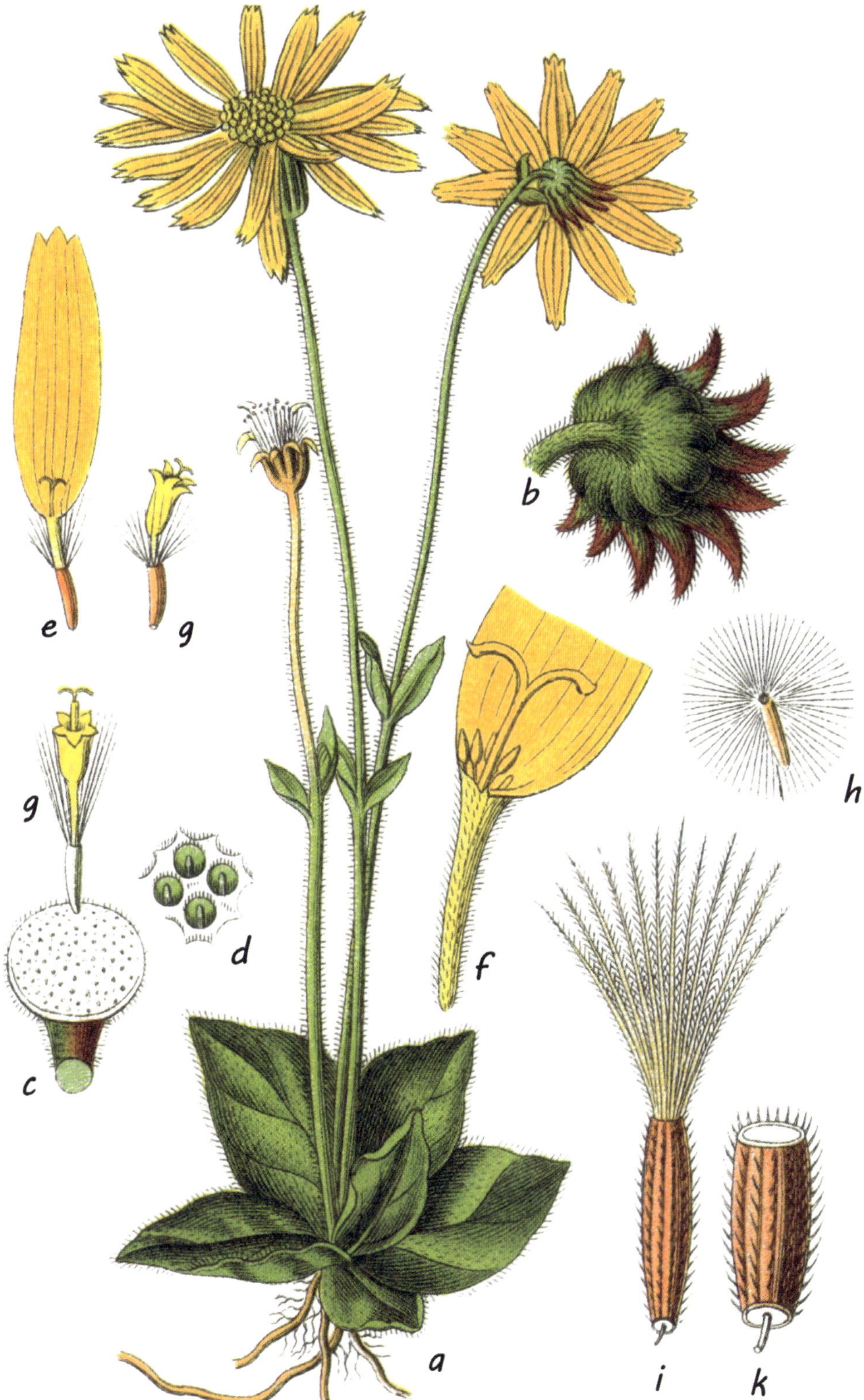
a
b
c
d
e
f
g
g
h
i
k

Purpurner Waldlattich
Prenanthes purpurea

Band 14, Tafel 43

Deutsche Namen

Purpur-Hasenlattich;
Hasenlattich, Purpurlattich

Wissenschaftlicher Name

Prenanthes purpurea L.

Synonym

Prenanthes tenuifolia

Krautige Pflanze

50 bis 150 cm hoch

Blütezeit: Juni bis Oktober

Säume u. Staudenfluren, Gebüsche, Wälder

Von der collinen bis zur alpinen Höhenstufe

[a] Blütenstand, verkleinert. [b] unteres Stängelblatt, verkleinert. [c] Köpfchenboden, die Hüllblätter zurückgebogen und teilweise abgeschnitten, vergrößert. [d] Zungenblüte, vergrößert. [e] Staubblatt, vergrößert. [f] Basis des Staubbeutels, vergrößert. [g] Nuss mit Pappus, vergrößert.

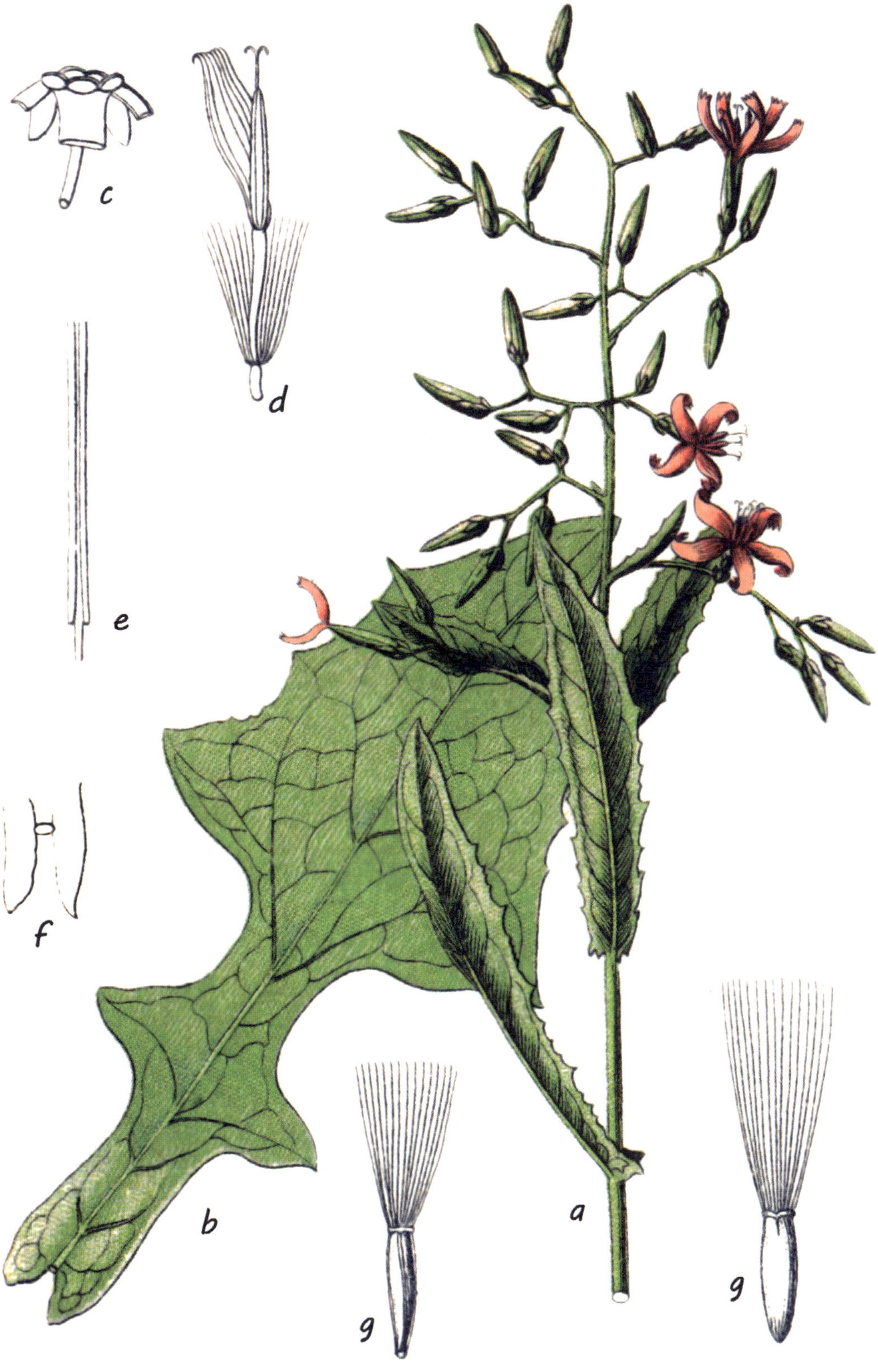

c
d
e
f
b
a
g
g

Kleines Mauseohr
Hieracium pilosella

Band 14, Tafel 56

Deutsche Namen

Kleines Habichtskraut;
Großköpfiges Habichtskraut, Langhaariges Habichtskraut,
Mausohr, Mausohr-Habichtskraut

Wissenschaftlicher Name

Pilosella officinarum Vaill.

Synonyme

Hieracium albofloccosum, Hieracium kemulariae,
Hieracium obscurisquamum, Hieracium paradoxum,
Hieracium pilosella

Krautige Pflanze

bis 35 cm hoch

Blütezeit: April bis Oktober

Säume u. Staudenfluren, Gebüsche,
Grünland u. Zwergstrauchheiden, kurzlebige Ruderalvegetation

An nährstoffarmen, trockenen Standorten

Von der planaren bis zur subalpinen Höhenstufe

Heil-, Arznei- o. Giftpflanze

[a] Habitus, verkleinert. [b-c] Blütenstand. [d] zentrale Zungenblüte, auch vergrößert. [e] randliche Zungenblüte von unten, vergrößert. [f] Köpfchenboden, vergrößert. [g] Nuss mit Pappus, auch vergrößert.

a
b
c
d
e
f
g
h

Erläuterung zu den Artinformationen

Angaben zu den Arten

Die meisten Arten wurden im Laufe der Zeit unter verschiedenen deutschen und wissenschaftlichen Namen beschrieben. Die Gewöhnliche Kiefer wird in Sturm's Flora beispielsweise ›Echte Kiefer, Pinus silvestris‹ genannt. Der heute gültige wissenschaftliche Name dieser Art ist *Pinus sylvestris* L. In anderen Floren und wissenschaftlichen Veröffentlichungen wurde sie auch unter den Namen *Pinus armena*, *Pinus fominii*, *Pinus hamata*, *Pinus kochiana*, *Pinus rubra* oder *Pinus sosnowskyi* beschrieben. Dabei handelt es sich um sogenannte Synonyme. Als weitere deutsche Namen finden sich unter anderem ›Gewöhnliche Kiefer‹, ›Föhre‹, ›Forle‹ und ›Wald-Kiefer‹. Neben den in Sturm's Flora verwendeten Namen werden auch der heute gültige wissenschaftliche Artname und wichtige Synonyme (nach Euro+Med 2006f) aufgeführt. Bei den deutschen Namen wird als erstes der in der Roten Liste der Pflanzen (Metzing et al. 2018) verwendete Name genannt (insofern dieser nicht dem von Sturm verwendeteten Namen entspricht), weitere deutsche Namen (nach Rothmaler 1987f, Schmeil & Fitschen 2000f, Metzing et al. 2018, BfN 2020f) sind durch ein Semikolon abgetrennt. Die Zuordnung der Arten zu einer Pflanzenfamilie orientiert sich an Euro+Med (2006f).

Die Angaben zu Lebensform, Wuchshöhe und Blütezeit wurden aus Tackenberg (2019) übernommen. Die Angaben zu den Lebensräumen geben an, in welchen Vegetationsytypen die Arten bevorzugt vorkommen. Die Angaben decken Haupt- und Nebenvorkommen ab, vereinzelt können die Arten aber auch in weiteren Lebensräumen angetroffen werden. Außerdem werden Besonderheiten der typischen Standorte aufgeführt. Berücksichtigt werden dabei Nährstoffgehalt, pH-Wert bzw. Kalkgehalt und Feuchte des Bodens.

Die Angaben zu Höhenstufen beschreiben den Verbreitungsschwerpunkt von Wildvorkommen der Arten in Mitteleuropa. Dabei werden die folgenden Höhenstufen unterschieden:

planar: die Höhenstufe des Flachlandes. Außerhalb der Alpen reicht sie in Mitteleuropa bis ca. 150 m ü. NN, im Alpenraum bis ca. 300 m.

collin: die Höhenstufe des Hügellandes. Außerhalb der Alpen reicht sie in Mitteleuropa etwa von 150 m bis 300 m, in den Alpen etwa von 300 m bis 800 m.

montan: die Höhenstufe des Berglandes, in der natürlicherweise Wälder dominieren. Sie reicht (inkl. der submontanen Stufe) in den mitteleuropäischen Mittelgebirgen von etwa 300 m bis 1500 m und in den Alpen von etwa 700 m bis 1850 m.

subalpin: die Höhenstufe im Bereich der Waldgrenze, in der oft Zwergsträucher dominieren. Sie ist in den Alpen zwischen etwa 1500 m und 2500 m zu finden, in den Mittelgebirgen ist sie nur in den höchsten Gipfelregionen ausgebildet.

alpin: die Höhenstufe oberhalb der geschlossenen Waldgrenze. Sie ist in den Alpen oberhalb von 1800 m bis 2500 m zu finden.

Für die Zusammenstellung der Angaben zum Vorkommen der Arten wurden neben eigenen Beobachtungen vor allem Angaben aus Ellenberg et al. (1992), Korneck et al. (1998), Klotz et al. (2002), Rothmaler (1987f) sowie Daten aus der Datenbank FLORKART des Bundesamtes für Naturschutz (siehe auch Netzwerk Phytodiversität Deutschland & Bundesamt für Naturschutz 2013) ausgewertet.

Schließlich wird für jede Art angegeben, ob es sich um eine Zier- oder Nutzpflanze handelt und zu welchen Zwecken die Art kultiviert wird bzw. wurde. Hierzu wurden Angaben aus Jäger et al. (2008) und Diazgranados et al. (2020) ausgewertet.

Legenden zu den Tafeln

Die in diesem Band gezeigten Tafeln stammen aus der zweiten Auflage des Sturm. Seit deren Herausgabe hat sich das botanische Wissen in vielerlei Hinsicht weiterentwickelt. Einige der damals gebräulichen Fachbegriffe werden heute anders verwendet und manche der damaligen Interpretationen von Pflanzenmerkmalen haben sich als falsch erwiesen. Beispielsweise werden die weiblichen Fortpflanzungsorgane der Nadelbäume in Sturm's Flora als ›Fruchtblätter‹ bezeichnet. Heute geht man davon aus, das Fruchtblätter nur bei den Bedecktsamern vorkommen und es sich um ›Samenschuppen‹ handelt. Diese veränderten Interpretationen schmälern dabei in keiner Weise die ungemein exakte und detailgetreue Wiedergabe der betreffenden Strukturen in den Abbildungen. Um Fehlinterpretationen zu vermeiden, wurden die Abbildungslegenden jedoch gründlich überarbeitet und an den aktuellen Wissensstand angepasst.

Verwendete Quellen

BfN (2020f): Artenschutzdatenbank des Bundesamt für Naturschutz. Wissenschaftliches Informationssystem zum Internationalen Artenschutz. Online Ressource: www.wisia.de. zuletzt abgerufen am 2. Februar 2021.

Burkhardt, L. (2018): Verzeichnis eponymischer Pflanzennamen - erweiterte Edition. 2 Bände. Berlin: Freie Universität Berlin.

Deutsche Bundesbank (2012): Kaufkraftäquivalente historischer Beträge in deutschen Währungen. Stand Januar 2021. Online-Ressource: www.bundesbank.de. zuletzt abgerufen am 19. Februar 2021.

Diazgranados, M., B. Allkin, N. Black, R. Cämara-Leret, C. Canteiro, J. Carretero, R. Eastwood, S. Hargreaves, A. Hudson, W. Milliken, M. Nesbitt, I. Ondo, K. Patmore, S. Pironon, R. Turner & T. Ulian (2020): World Checklist of Useful Plant Species. Kew: Royal Botanic Gardens.

Eisinger, F. (1919): Jakob Sturm - Kupferstecher und Naturforscher in Nürnberg - 1771–1884. In: Internationale entomologische Zeitschrift Band 13, Heft 14: Spalte 105–111.

Ellenberg, H., H.E. Weber, R. Düll, V. Wirth, W. Werner & D. Paulißen (1992): Zeigerwerte von Pflanzen in Mitteleuropa. Scripta Geobotanica. Göttingen: Goltze.

Euro+Med (Hrsg.) (2006f): Euro+Med PlantBase – the information resource for Euro-Mediterranean plant diversity. Online Ressource: ww2.bgbm.org/EuroPlusMed; zuletzt abgerufen am 21.02.2021.

Hauck, H. (1862): Joh. Hein. Christ. Friedrich Sturm: Nekrolog. In: Journal für Ornithologie. Band 10, Heft 2: 157-160.

Hilpert, J.W. (1849): Zum Andenken an Dr. Jacob Sturm, den Ikonographen der deutschen Flora und Fauna: Enthaltend die bei dessen Beerdigung am 1. December 1848 gehaltene Rede und eine Aufzählung seiner literarischen und artistischen Arbeiten. Nürnberg: Naturhistorische Gesellschaft.

Jäger, E.J, F. Ebel, P. Hanelt & K. Müller (Hrsg.) (2008): Exkursionsflora von Deutschland. Krautige Zier- und Nutzpflanzen. Rothmaler Band 5. Berlin: Spektrum.

Klotz, S., I. Kühn & W. Durka (2002): BIOLFLOR – Eine Datenbank mit biologisch-ökologischen Merkmalen zur Flora von Deutschland. Münster: Landwirtschaftsverlag.

Korneck, D., M. Schnittler, F. Klingenstein, G. Ludwig, G., M. Takla, U. Bohn & R. May (1998): Warum verarmt unsere Flora? Auswertung der Roten Liste der Farn- und Blütenpflanzen Deutschlands. In: Schriftenreihe für Vegetationskunde 29: 299–444.

Krause, E.H.L. (1900–1907): J. Sturm's Flora von Deutschland, in Abbildungen nach der Natur. 15 Bände. Stuttgart: Lutz.

Lutz, K.G. (1906): Vorwort zu Sturms Flora von Deutschland in Abbildungen nach der Natur. Band 1. Stuttgart, K.G. Lutz.

Netzwerk Phytodiversität Deutschland & Bundesamt für Naturschutz (Hrsg.) (2013): Verbreitungsatlas der Farn- und Blütenpflanzen Deutschlands. Münster: Landwirtschaftsverlag.

Metzing, D., N. Hofbauer, G. Ludwig & G. Matzke-Hajek (2018): Rote Liste gefährdeter Tiere, Pflanzen und Pilze Deutschlands. Band 7: Pflanzen. Naturschutz und Biologische Vielfalt 70: 784 S.

Pritzel, G.A. (1854): Thesaurus literaturae botanicae. Omnium Gentium. Inde a rerum botanicarum initiis ad nostra us-que tempora, quindecim millia operum recensens. Leipzig: Brockhaus.

Reichenbach, H.G.L. (1823–1832): Iconographia botanica seu plantae criticae. 10 Bände. Leipzig: Hofmeister.

Rothmaler, W. (Begr.) (1987f): Exkursionsflora. Gefäßpflanzen Grundband. Berlin: Volk und Wissen; auch folgende bei Fischer, Spektrum, Springer erschienene Auflagen.

Schmeil, O. & J. Fitschen (Begr.) (2000f): Flora von Deutschland und angrenzender Länder. Wiebelsheim: Quelle & Meyer; auch folgende Auflagen.

Spiess, E. (1891): Naturhistorische Bestrebungen Nürnbergs im XVII. und XVIII. Jahrhundert. Leben und Werke ihrer Beschützer und Vertreter. In: Abhandlungen der naturhistorischen Gesellschaft zu Nürnberg, Band 8: 202–208.

Sturm, J. (1791–1792): Insecten-Cabinet, nach der Natur gezeichnet und gestochen von Jacob Sturm. 4 Hefte. Nürnberg.

Sturm, J. (1796–1855): Deutschlands Fauna in Abbildungen nach der Natur mit Beschreibungen. Nürnberg.

Sturm, J. (1798–1855): Deutschlands Flora in Abbildungen nach der Natur mit Beschreibungen. Nürnberg.

Sturm, J.W. (1862): Dr. Sturm's naturhistorische Sammlung in Nürnberg. In: D. F. Weinland (Hrsg.): Der zoologische Garten. Band III, Heft 9: 220.

Tackenberg, O. (2019): Flora von Deutschland. iFlora-Pflanzenführer. Band 9. Kindle-ebook: ASIN B0839D3W4G.

Wunschmann, E. (1894): Sturm, Jakob. In: Allgemeine Deutsche Biographie (ADB). Band 37: 20-21. Leipzig: Duncker & Humblot.

Z., A. (1860): Dr. Sturm's naturhistorisches Museum. In: Bonplandia, Zeitschrift für die gesammte Botanik. Band 8: 317.

Die iFlora-App

Unser wichtigstes Ziel bei der Entwicklung der iFlora-Smartphone-App war es, das sichere und schnelle **Bestimmen von in Deutschland und Europa wild wachsenden Pflanzen zu ermöglichen.** Hierzu haben wir die technischen Möglichkeiten von Smartphones konsequent genutzt, um Bestimmungs-Apps zu entwickeln, die es Ihnen ermöglichen, die Pflanzen auch ohne botanische Fachkenntnisse zu bestimmen. Alle für die Bestimmung wichtigen Merkmale werden in iFlora sowohl über **intuitiv zu bedienende Icons** als auch über **verständlich geschriebene Texte** beschrieben und können in beliebiger Reihenfolge ausgewählt werden. Anschließend erhält man eine Übersicht der in Frage kommenden Arten.

In der App stehen Ihnen ca. 12 000 Bilder aus historischen Florenwerken und Fotos sowie weitere Informationen zu wichtigen Merkmalen der Pflanzen, Taxonomie und Systematik, ihrer Verbreitung in Deutschland bzw. Europa sowie zur Ökologie zur Verfügung.

350 Merkmale | **2800** Arten | **12 000** Abbildungen

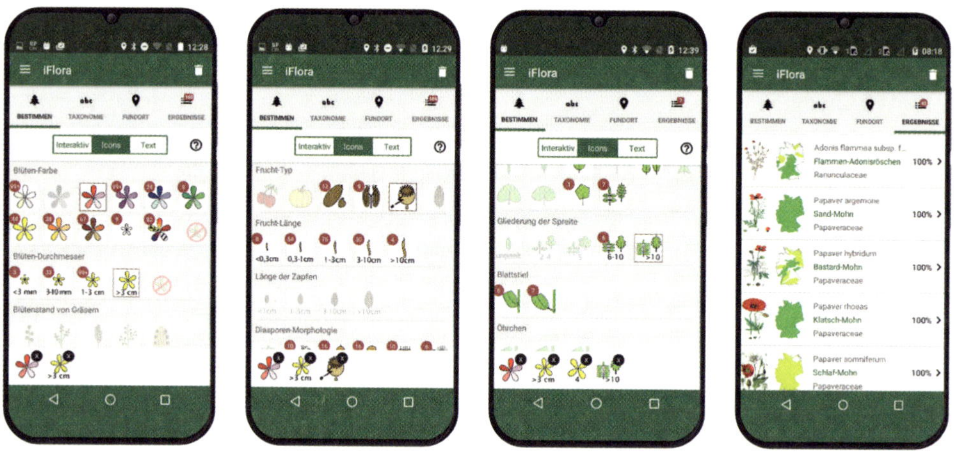

Das innovative Bestimmungskonzept ermöglicht es, die meisten Pflanzen durch die **Angabe weniger Merkmale** zu bestimmen. Die iFlora-App macht Ihnen während der Bestimmung sogar konkrete Vorschläge, wie Sie die Bestimmung mit wenigen Schritten und doch sicher durchführen.

Interessiert?

Dann probieren Sie iFlora doch einfach unverbindlich aus. Hierzu können Sie eine kostenlose Testversion installieren und auf Herz und Nieren prüfen, bevor Sie die gewünschten Module und Erweiterungen anschließend in der App kaufen.

Weitere Informationen finden sie auf **www.i-flora.de**

Erhältlich im App Store | JETZT BEI Google Play

FAVORITEN
PRESSE

Die Flora von Deutschland.
Alle heimischen Arten

Von Dr. Oliver Tackenberg
18 x 25 cm, 1504 Seiten,
mit ca. 5000 Abbildungen, gebunden
2. Auflage
ISBN 978-3-96849-064-9

Mit diesem Werk legt der Biologe Dr. Oliver Tackenberg das umfangreichste bisher in deutscher Sprache erschienene Bestimmungsbuch vor. In mehr als 20 Jahren akribischer Arbeit entstand das bisher einmalige Werk mit allen in Deutschland vorkommenden wild wachsenden Pflanzen, ergänzt um eine große Anzahl kultivierter Pflanzen. Jede Doppelseite zeigt vier Pflanzenarten mit Bestimmungsmerkmalen, Blütenformel, Verbreitungskarte, Angaben zu Gefährdung, Schutz, Lebensraum, Blütezeit und Angaben zu den Standortansprüchen. Zudem werden die Pflanzen in detaillierten Illustrationen gezeigt. Das einmalige wissenschaftliche Werk verfügt zudem über ein umfangreiches Glossar, die Morphologie der Pflanzen, Bestimmungsschlüssel und Register.

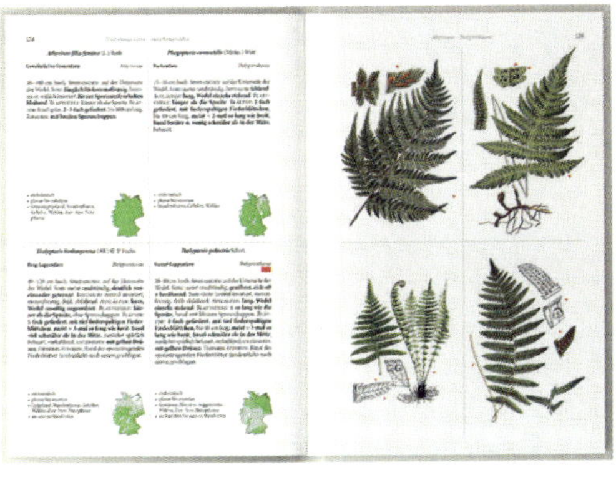

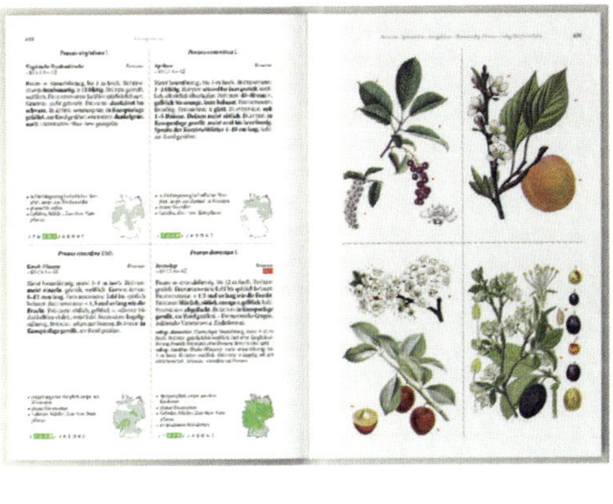

VOGELBÜCHER
IN DER FAVORITENPRESSE

FAVORITEN
PRESSE

Johann Friedrich Naumann
Die Vögel Mitteleuropas
1897–1905: Eine Auswahl

Mit Vorwort von Klaus Nottmeyer
Herausgegeben von Juliane Steinbrecher
Berlin, 2025
ISBN 978-3-96849-200-1
25 x 34 cm, 208 Seiten
ca. 200 Tafeln, gebunden

Erstmals als Gegenüberstellung von Kupferstichen (1820-1844) und Lithografien (1897-1905).

Der vorliegende Band präsentiert eine fachkundige Auswahl von mehr als 100 Tafeln aus der 12-bändigen dritten Ausgabe (1897–1905). Den Lithografien gegenübergestellt sind die ursprünglichen Kupferstiche von Johann Friedrich Naumann aus der zweiten Ausgabe (1820–1844). Auch 200 Jahre nach dem Erscheinen des ersten Bandes der „Naturgeschichte" vermitteln die aufwendig gestalteten, kunstvollen Abbildungen ein besseres Verständnis für die Vielfalt der Vogelwelt und der Natur.

Karl Wenzel
Das Vogel-Album. 1950.

Beschreibungen und Zeichnungen.
Mit einer Einführung von Christiane Habermalz.
Berlin, 2021
ISBN 978-3-96849-023-6
25 x 17 cm (Querfomat),
544 Seiten, ca. 250 Zeichnungen, gebunden.

„Nun aber hat Wenzels Album die Chance, einen größeren Leserkreis zu gewinnen. Und die hat es verdient. Denn die neue Faksimile-Ausgabe ... ist eine Augenweide und zugleich ein Zeitdokument, das in zweierlei Hinsicht berührend ist: weil es anschaulich – und manchmal schmerzlich – daran erinnert, wie reich die Vogelwelt unseres Landes noch vor wenigen Jahrzehnten gewesen ist. Und weil es auf jeder Seite spüren lässt, was den Autor dazu bewegte, in zweijähriger Arbeit über 500 Seiten zu füllen: eine tiefe Liebe zur Natur, verbunden mit profundem Fachwissen – und der Wunsch, beides an die nächste Generation weiterzugeben."
Johanna Romberg, Flugbegleiter

MARIA SIBYLLA MERIAN IN DER FAVORITENPRESSE

FAVORITEN
PRESSE

„Die wirkliche Meisterschaft der Maria Sibylla Merian, die einzigartige Einheit von naturkundlichem Studium und künstlerischer Gestaltung, offenbart sich erst in ihren Aquarellen und Deckfarbenmalereien, die den Stichen als Vorlage dienten."

Maria Sibylla Merian
St. Petersburger Aquarelle

Mit einem Vorwort von Dr. Elisabeth Klotz
18 x 25 cm, 208 Seiten,
ca. 200 Abbildungen, gebunden.
Berlin, 2025 ISBN 978-3-96849-203-2

Die in dieser Ausgabe vorgestellte Sammlung umfasst 50 ganzseitige und 146 weitere Aquarelle aus der gesamten Schaffenszeit der Künstlerin. Neben dem bestechenden Illustrationsteil – Blumen, Pflanzen und Raupen, Schmetterlinge, Mineralien und Fossilien, Schnecken, Krebse und andere Meerestiere sind die wissenschaftlichen Kommentare zu den Blättern von besonderem Interesse.

Erstmals erscheint das zweite große Werk Maria Sibylla Merians (1647-1717) im modernen Schriftbild mit allen 100 farbigen Kupferstichen. Ursprünglich verlegt 1679 und 1683 in Nürnberg, stieß es auf großes wissenschaftliches Interesse und machte Merian überregional bekannt (Auch weil sie als Frau in eine Männer-domäne einbracht: die Wissenschaft).

Das Werk mit seinen genauen Beschreibungen gilt heute als ein Pionierwerk der Entomologie, die in aufwändigem Verfahren von Merian handkolorierten Kupferstiche zeigen heimische Bäume, Sträucher und Blumen sowie die damals noch namenlosen Raupen und Smetterlinge. Das ursprünglich in zwei Teilen publizierte Werk erscheint nun erstmalig in modernem Schriftbild.

Maria Sibylla Merian
Blüten, Raupen, Schmetterlinge.
Die wunderbare Verwandelung und sonderbare Blumen-nahrung

Erster und zweiter Teil
Vorwort von Renate Ell
Berlin, 2025 ISBN 978-3-96849-202-5
18 x 25 cm, 256 Seiten, 102 Tafeln, gebunden.

Editorische Notiz

Die Inhalte dieses Buches wurden mit größtmöglicher Sorgfalt erstellt und auf ihre Richtigkeit und korrekte Darstellung überprüft. Es wird aber keine Garantie, Gewähr oder Haftung für die Richtigkeit, Vollständigkeit und Aktualität dieser Informationen übernommen. Der Verlag hat sich bemüht, sämtliche Rechteinhaber zu ermitteln. Sollte dem Verlag gegenüber dennoch der Nachweis der Rechtsinhaberschaft geführt werden, wird das branchenübliche Honorar gezahlt.

Die Abbildungen von Tieren in der Einleitung stammen von Jakob Sturm aus Sturm's *Insecten-Cabinet* (1791–1792) und Sturm's *Fauna* (1796–1855).
Das Porträt von Jakob Sturm wurde von Fr. Wagner angefertigt und stammt aus Hilpert (1849).

Der Autor:

Dr. Oliver Tackenberg ist freiberuflich arbeitender Biologe. Zuvor arbeitete er an der Goethe-Universität Frankfurt und leitete dort unter anderem Bestimmungsübungen für Pflanzen. In der Favoritenpresse erschien von ihm „Die Flora von Deutschland. Alle heimischen Arten" und andere Bestimmungsbücher. Er ist außerdem Herausgeber der iFlora-Smartphone-App zum Pflanzenbestimmen (www.i-flora.de).

Impressum

ISBN: 978-3-96849-201-8

©Favoritenpresse, Berlin 2025
Favoritenpresse GmbH, Graefestraße 67, 10967 Berlin, verlag@favoritenpresse.de
Alle Rechte vorbehalten, Weiterverarbeitung und Vervielfältigung nur mit ausdrücklicher Genehmigung des Verlags.

Die Favoritenpresse legt großen Wert auf nachhaltige und ressourcenschonende Buchproduktion. Unsere Bücher werden alle innerhalb der Europäischen Union gedruckt und sind nicht einzeln eingeschweißt.

Konzept und Inhalt: Dr. Oliver Tackenberg, www-i-flora.de
Gestaltung: Christin Albert, www.calbert.de
Lektorat/Korrektorat: Juliane Steinbrecher
Druck vermittelt durch: freingedruckt-Michael Luthe, www.feingedruckt.de

FSC
www.fsc.org
MIX
Paper | Supporting responsible forestry
FSC® C106236

Information zum Verlagsprogramm: www.favoritenpresse.de